不完全信息下工程项目投标决策理论与实务

Theory and Practice on the Bidding Strategy of Construction Project under Uncertain Environment

郭清娥　著

U0221472

国防工业出版社

·北京·

图书在版编目(CIP)数据

不完全信息下工程项目投标决策理论与实务 / 郭清
娥著. —北京:国防工业出版社,2018.9
ISBN 978 - 7 - 118 - 11691 - 5

Ⅰ. ①不… Ⅱ. ①郭… Ⅲ. ①建筑工程 - 投标 - 决策
方法 - 研究 Ⅳ. ①TU723

中国版本图书馆 CIP 数据核字(2018)第 199437 号

※

国防工业出版社 出版发行

(北京市海淀区紫竹院南路 23 号 邮政编码 100048)
天津嘉恒印务有限公司印刷
新华书店经售

*

开本 880 × 1230 1/32 印张 3⅞ 字数 100 千字
2018 年 9 月第 1 版第 1 次印刷 印数 1—2000 册 定价 36.00 元

(本书如有印装错误,我社负责调换)

国防书店:(010)88540777   发行邮购:(010)88540776
发行传真:(010)88540755   发行业务:(010)88540717

前　　言

加入世贸组织后,根据承诺,我国对外承包将进一步扩大,建筑市场正在面临前所未有的竞争压力。在招投标已成为主流交易方式的情况下,建筑企业要想在激烈的竞争之中拿到目标项目,这既取决于公司良好的商务能力,也取决于公司决策人员在投标决策期间对拟投标项目情况的掌握以及能否采取正确的策略。正确合理的投标决策,不仅仅要实现中标的目的,还关系到企业的经济效益以及经营战略的实现。探索工程投标决策问题,具有重要的理论与现实意义。

近年来,作者对以上问题进行了研究,基于模糊理论、风险评价、模糊综合评价与 DEA 交叉评价等理论,对建筑业投标决策的流程中工程投标机会(Bid/No - Bid 决策)及工程投标项目选择(Which Project to Bid)问题进行了系统研究。本书将对上述研究成果作详细介绍。

本书共分为 9 章:

第一章为绪论。主要介绍研究背景及意义,研究问题的界定,研究思路及研究内容等。

第二章为相关文献综述。主要介绍国内外研究情况,及本研究所用到的基本方法。

第三章在大量阅读文献的基础上,运用统计方法分析了工程项目投标决策的风险指标,并将这些指标进行分类整理,归纳出我国工程项目投标决策所需要考虑的最重要的五个方面:①承包商自身情况;②竞争对手情况;③业主情况;④项目所在地综合情况;⑤项目自身情况,并建立了工程项目投标决策的综合评价指标体系。

第四章提出了一种基于模糊风险评估的 Bid/ No - bid 决策方法,首先设定一个初始风险当量 R_0,再根据模型计算拟投标工程项目风险当量的大小,与 R_0 进行比较来确定是否投标。在我国目前建筑行业信息化程度不高，难以获得充分历史数据的情况下，该方法为解决工程投标机会决策问题开拓了新的思路。最后通过案例充分说明了其有效性。

第五章根据工程项目投标决策指标体系，结合模糊数学理论，将评价等级分为(很差、差、一般、好、很好)5级，提出了基于交叉评价与模糊理论的工程项目选择方法，用来对项目选择问题进行探索。研究证明该方法用DEA交叉评价，很好地平衡了各个专家的评价及权重的重要性，为工程项目选择提供了更为客观与有效的参考。

第六章根据工程项目评价指标往往既有客观数据又有非定量指标，决策者难以直接给出总体评价的实际，将数据包络分析的交叉评价与模糊数学结合起来，量化数据用交叉评价处理，再将交叉评价的结果模糊化为对应评语的隶属程度，与非量化数据一起进行总体评价，最后根据最大隶属度原则给出各个备选项目的评价结果。

第七章在第六章的基础之上，创新性的提出了最大交叉效率、最小交叉效率的概念，将最小交叉效率、平均交叉效率、最大交叉效率模糊化为该量化评价指标的三角模糊数的隶属函数，设计出基于交叉评价的模糊综合评价投标决策模型，将工程项目中量化数据用DEA交叉评价进行处理，再模糊化，与非定量指标一起进行最终评价，从而对拟投标项目进行选择。该模型与第4点相比，在如何将量化指标的交叉评价值模糊化这一问题上，提供了新视角。用以量化数据为基础的DEA交叉评价方法，也大大提高了整体决策的客观性。

第八章针对项目投标决策中既有客观数据，又有主观数据，且属性权重完全未知的情况，给出了处理方法。将量化指标用DEA交叉评价方法处理，并将之模糊化；非量化指标采用模糊综合评价，最后再一起进行最终评价。引入离差最大化方法确定各属性的权重。该方法充分避免了由决策人员人为指定权重造成的主观性，使最终结果更加合理。

第九章为研究总结与展望。

本书可作为工程管理、管理科学与工程、多属性决策和系统工程等领域的研究人员和工程技术人员、高等院校相关专业研究生的参考书。

本书得到了陕西省财政厅高等教育专项项目［编号:2050205］的资助及教育部人文社科基金项目［编号:17YJCZH071］的资助,同时得到了国家自然科学基金项目［编号:71603205、71503080］的资助,在此特表示感谢。

作者

2018 年 4 月

目　　录

第一章 绪 论

1.1 研究背景及研究意义

1.1.1 研究背景

建筑行业与整个国家经济的发展和人民生活的改善紧密相连,是我国国民经济的重要物质生产部门。随着我国社会主义市场经济的发展,社会、经济、文化等各方面以及综合实力都有了长足的发展。在这种社会大背景下,作为国民经济主要行业的建筑业,需求非常旺盛,增长速度很快。近年来我国建筑市场规模不断扩大,国内建筑业产值在短期内增长了20多倍,建筑业增加值占国内生产总值的比重也显著增加,建筑业已经成为拉动我国国民经济快速增长的重要力量。以2009年为例,全国建筑业企业(此处是指具有资质等级的总承包和专业承包建筑企业,不含劳务分包建筑业企业)完成建筑业总产值为7.5864万亿元,全社会建筑业实现增加值2.2333万亿元,占全国GDP比重高达6.4%[1]。

特别是加入世界贸易组织以后外资的不断引进以及国家的各种发展战略的提出,要形成多元化的投资主体,通过多种渠道筹措资金,运用企业化方式进行项目运作,将价格逐步市场化,这更进一步加快了建筑业的发展步伐。从未来发展前景来看,我国建筑业市场空间还将有巨大增长。繁荣的市场使得许多实力雄厚的外国建筑承包商对中国建筑行业的前景也十分看好,并纷纷涌入国内参与投资建设,更加剧了建筑市场竞争的激烈。

建筑市场的繁荣,促进了其交易方式的长足发展与转变。在诸多交易方式中,工程招投标是建筑市场经济活动中较为成熟与规范的交易方式,也是国际上通用的且被认为是最成功的建筑工程承发包方式,迅速在各建筑领域得到了普遍的应用。一般而言,工程条件及要求由招标人提前制定,然后再通过信函等方式邀请一定数量的投标者,这些投标者按照工程要求和法定程序进行竞争以确定中标,这种工程承发包方式,称为工程招投标[2]。因为招投标的竞争性、公开性、一次性、有组织性及公平性原则,让这种建设工程采购方式迅速得以应用并逐渐成熟,其在国内外经济活动中已经显示出重要性以及优越性,得到各国和各种国际组织认可和接受,进而成为各国政府以及国际组织和企业所共同遵循的国际惯例及规则。

我国在 20 世纪 80 年代以前都是计划经济,而招投标则是属于市场经济的一种手段。因此严格意义上来说,在 80 年代之前中国根本不存在所谓的招投标。参照国际通行的做法,从对政府职能的规范和政府所管辖的范围方面来看,中国从 1980 年 10 月 17 日才开始真正意义上的招投标活动。当时国务院下发了《关于开展和保护社会主义竞争的暂行规定》,在该文件中首次提出了改革现行的经济管理体制,鼓励进一步开展社会主义竞争,对于生产建设和经营这一类适用于承包的项目,可以试行通过招投标的方法进行。随后,依照该文件的精神,吉林省吉林市和深圳特区在国内首次尝试建设工程的招投标,取得了比较好的效果[3]。世界银行在 1980 年也是以国际竞争性招标方式在我国开展的项目采购与建设活动,提供给我国第一笔大学发展项目贷款。

为了在我国建筑业内大力推行工程招标承办制度,国务院在 1984 年 9 月 18 颁发了《关于改革建筑业和基本建设管理体制若干问题的暂行规定》。随后,建设部与原国家发展计划委员会在 1984 年 11 月 20 日发布了《建设工程招标投标暂行规定》。此后,依据这些文件的精神,全国各地逐步开展了招投标活动,应用范围不断地扩大。

1992 年 12 月 30 日,建设部颁布了《工程建设施工招标投标管理办法》,随后在 1998 年 8 月 6 日,建设部又颁布了《关于进一步加强工程招标投标管理的规定》。经全国人大常委会审议,《中华人民共和国招标投标法》于 1999 年 8 月 30 日审议通过,从 2000 年 1 月 1 日起正式实施,这标志着招投标制度成为范建筑工程市场的招投标活动的制度依据。

自 2000 年起,《中华人民共和国招标投标法》在我国开始正式执行,这是我国首次将招标投标行为用法律的形式进行进行规范,这极大推动了建设工程项目招投标交易活动在我国的发展。《中华人民共和国招标投标法》明确将"公开、公平、公正、诚信"规定为我国招标投标活动的根本原则。所谓的公开就是指招投标活动方面的各项信息要公开,包括招标公告、招标邀请书、资格预审公告等资料必须公开,开标和评标的步骤也应该公之于众;所谓的公平和公正是指只要招标的条件和程序公布之后,招标人就要严格按照其进行操作,对所有的投标者平等看待,向他们公布的招标信息不能出现差异,应该按照完全一致的准则进行资格预审和投标文件审查。招标人和投标人应当处于相对平等的地位,必须做到"己所不欲,勿施于人"。诚信的原则是指双方当事人为了维持招投标双方的利益平衡,在履行义务和行使权力时,应当持有善意和诚实的态度。这也有助于平衡自身利益与社会利益。

之后我国建筑市场的竞争与交易逐步走向法制化、规范化、有序化的轨道。以浙江省杭州市为例,据有关资料显示[4],2005 年浙江省杭州市建设工程总投资约 400 亿元,通过招投标的方式,中标合同期平均比工期定额缩短约 20 天,工程造价平均也降低了约 15% ~20% 。

公开招投标的成交方式在建设工程领域被广泛地应用,不仅有效地优化配置了各项社会资源,有效地控制了工程建设的总体成本,对于日趋紧张的能源,降低了消耗,而且对于遏制建设工程领域的腐败和商业欺诈起到了很好的作用,使得建设工程市场得以健康地发展。

中国加入世贸组织,除了给国内建筑承包企业带来一系列的显而易见的机遇,如可获得更多的国际市场准入机会(指中国入世后,世贸组织其他成员国按照规定,会取消对我国承包公司在其国内市场准入方面的各种贸易壁垒,因此我国建筑企业将有更多机会承揽其他成员国的政府投资或私人投资的各种建设项目);有利于改善投资环境,更多地吸引外资(随着入世带来的经济发展,国家的基础设施建设需求逐渐增加,国内建筑市场进一步开放,这将吸引更多的国外投资,如各种金融机构和政府的贷款等);增加国际合作的机会,以便提高我国国内建筑业的整体水平(建筑市场开放之后,不管是中国的建筑企业到国外承接工程,还是国外建筑企业来国内承揽工程,都为国内企业与国际建筑公司合作提供了机会。合作过程中,我们可以学到对方先进的工程管理方法,提高己方在设计、施工、管理等方面的水平,促使中国的建筑业尽快与国际接轨);以及增加我国建筑业的就业机会等(建筑业是一个典型的劳动密集型行业,在提供就业机会方面贡献很大)。

但不可否认的是,随着这些机遇一并带来的,还有各种挑战。与国内建筑企业相比,国外承包商实力雄厚,在竞争中将抢占部分国内建筑市场。虽然我国建筑业已经成为国民经济的支柱产业,但和国外发达国家的建筑承包商比较,在资金、技术、管理手段与手法等方面,尚存在一定差距。入世后,随着国内建筑市场的放开,会有更多的外国建筑承包商进入中国市场,竞争无疑更加激烈。在这白热化的竞争中,国内那些竞争力低下的建筑企业,如不进行技术、管理等方面革新,将会面临破产或者被兼并的命运(因为按照入世要求,我国将逐步取消对国有企业的保护及优惠措施)。

面对入世之后建筑业开放所带来的冲击,我国建筑业本身也仍然存在着一些问题,如市场经济的信息传递机制不完善、招投标过程中信息不完全、不对称等,尤其是因为技术复杂性及系统性强的要求,工程项目实施过程中表现出风险大、参加人员和协作单位多、常受到随机因素干扰等特征,再加之随着建筑市场竞争的激烈,信息不完全以及不对称问题已经变得非常严重。

工程承包企业如何在这种不确定环境下进行工程投标决策(如是否进行投标,如何进行项目选择等),获得合理利润;如何使我国建筑行业招投标健康发展,使建筑行业在新的环境下生存和发展,仍然是目前迫切需要解决的问题。

1.1.2 研究意义

如前文所言,招投标制度已经成为目前我国建筑市场最主要的交易方式。工程招投标也是施工企业获取业务的最主要来源。施工企业要想在激烈的市场竞争中得以生存,必须通过工程投标方式并获得中标。一方面日趋激烈的市场竞争是建筑企业必须要面对的问题;另一方面,是否投标、投标项目筛选、优选和报价决策,是建筑企业面临的另一急需解决的问题。正确合理的投标决策,不仅仅要实现中标的目的,还关系到企业的经济效益以及经营战略的实现。

比起其他生产行业,建设工程领域有着自己独有的特点,例如,均为单件产品、较长的生产周期、固定的生产地点、大量的资源消耗等。

自从 19 世纪招标投标的方式开始使用以来,建设工程就主导了招投标市场。相对其他行业招投标而言,建设工程的招投标具有大金额、较强技术性、高风险、多种不确定性因素等特征。

随着经济发展加速,现在的建筑项目多具有大、复杂等特点。投标风险也变得越来越大。对于承包商来说,在投标中决不可忽视一些重要的客观条件,如项目本身的复杂性以及项目所在地可能面临的自然条件等,这些客观条件都关系到投标的成功与否。但是,仅仅考虑这些是不够的。承包商自身实力、业主情况等等主观条件,以及经济、社会、环境与安全等各种因素都与投标成功与否息息相关。在这些指标里,既有定性的指标也有定量的指标,既有经济方面的指标如利润等也有社会指标如环境、科学等。如何科学合理地考虑到所有的指标,争取让施工企业取得利益最优化,是每个施工企业都要面临的重要抉择。

目前,工程投标项目中到底哪些风险因素需要考虑,各个风险因素的权重该如何确定,风险因素与最终的报价是怎样的关系等,都尚无成熟的标准。不同的研究者、不同的项目类别根据各自研究目的所考虑的风险因素都各不相同。对一个充满了不确定性的复杂决策过程的工程项目竞争性投标来说,将影响中标的各种风险因素进行分析就显得更为重要。

对于工程项目,施工企业要做的首要决策是投标机会决策,即针对每一个项目来决定是否参与投标(Bid/No – Bid 决策)。其次是项目选择决策(Which Project to Bid),即如果有多个项目,企业需要对市场进行尽量详尽的调查研究,广泛收集招标项目信息,确定适合本公司的项目进行投标。因为如果承包商面对市场上多个项目不加选择地进行投标,将为后来工程的实施带来困难和留下隐患,势必会导致企业管理的混乱以及资源的浪费,对公司的利润以及战略目标的实现产生严重的负面影响。最后一步是报价决策。报价过高会使公司在激烈的竞争中失去中标机会,且若不中标,编制投标文件以及考察现场等活动所花费的诸多人力、物力、财力都将得不到任何补偿;反之,报价过低虽然容易中标,但又会使公司利润降低甚至亏本运营。

因此,从上面分析来看,投标决策对于任何一个施工企业来说,都是至关重要的。

在以上三个阶段中,我国很多施工单位、承包企业都过度专注于研究第三个阶段的报价决策,在这方面的研究文献数不胜数。但是很少有成立比较专门的部门来从事 Bid/No - Bid 决策,没有对项目做出初步评估,更没有从市场、承包单位发展战略等方面来分析投标机会决策。对于项目选择方面的研究也不多。而投标机会决策与项目选择决策对于施工单位的发展前景来说又事关重大,因此,承包企业的决策者必须充分认识到投标机会决策与项目选择决策的重要意义。开展这方面的研究,具有深刻的现实意义。

1.2　研究问题的界定

1.2.1　相关概念界定

1. 工程项目

工程项目(construction project)又称建设项目、基本建设项目、投资建设项目或建设工程项目。GB/T 50326—2006《建设工程项目管理规范》根据工程项目的特征将其界定为:为完成依法立项的新建、扩建、改建等各类工程而进行的、有起止日期的、达到规定要求的一组相互关联的受控活动组成的特定过程,包括策划、勘察、设计、采购、施工、试运行、竣工验收和考核评价等。CECA/GC 4—2009《建设项目全过程造价咨询规程》则从工程项目的活动内容角度将其定义为:需要一定的投资,经过决策和实施的一系列程序,在一定条件约束之下的一次性的活动,活动的目标是为了形成固定资产。这个活动是按一个总体规划或设计范围内进行建设的,实行统一施工、统一管理、统一核算的工程,往往是由一个或数个单项工程所构成的总和。根据《辞海》的解释,工程也可理解为"具体的基本建设项目,如南京长江大桥、京九铁路工程、三峡工程等"。工程项目的内涵如下:

(1) 工程项目是应该是一个过程而不是产品。过程是一组将输入转化为输出的相互关联或相互作用的活动。如"上海世博会中国国家馆"是属于"项目产品","中国国家馆工程项目"则是建设中国国家馆的任务和过程,包括可行性研究、立项、设计、施工、运营的全过程。工程项目实质上是工程项目业主的一次固定资产购置和建造过程,它起始于业主发起该工程项目,终止于该工程项目交付。

（2）工程项目的目标是为了形成固定资产,需要投入一定量的资本、实物资产,工程项目实质上是将这些资本与实物资产转化为固定资产的经济活动过程,是一种既有投资又有建设行为的项目。

（3）《项目管理知识体系指南》（PMBOK 指南）中定义了项目（Project）、项目群（Program,也称项目集）和项目组合（Portfolio）三个概念。其中项目群是一组相关的项目,把它们组合在一起是为了统一协调管理这些项目,以获得单独管理得不到的利益和对项目的控制;项目组合是为了促进有效的管理,实现战略性的企业目标,将项目、项目群和其他工作组合在一起的产物。每个工程项目都可以看作是一个上述的项目组合。

（4）如何确定工程项目的涵盖范围,通常的标准是看是否具有总体设计或初步设计。按照此标准,主体工程或相应的附属配套工程,不管它是由一个或由几个施工单位施工,还是同期建设或分期建设,这些都不重要,只要项目属于一个总体设计或初步设计,都可以看作是一个工程项目。

（5）建设项目一般由多个单项工程组成,这些单项工程有时也被称为"工程项目"。单项工程,顾名思义,是指在竣工后能够独立发挥生产能力或工程效益的、具有独立设计文件的工程。如工业建设项目中的各个生产车间、仓库、办公楼等,学校建设项目中的教学楼、图书馆、学生宿舍、食堂等,这些部分在竣工后均可以独立发挥其作用,属单项工程。

2. 招标投标

人们对招标投标主要从以下两种较为典型的不同的角度进行了定义:

（1）余杭等学者认为,招标投标是属于竞争的一种形式与方法,是一种国内外普遍应用的、有组织的市场交易行为,是贸易中的商品、技术和劳务的买卖方法,是交易方式的两个方面。一般而言,招标与投标所涉及到的包括招标人、投标人和招标机构三个方面。招标是专门针对具有竞争性的项目,如购买大批物资、发包工程。此时招标人或招标单位首先需要公布招标条件,然后按照条件要求,公开或书面邀请投标人或投标单位来对项目进行投标,以便招标人从中择优选定中标人。当然这些必须在招标人接受招标条件要求的前提下前来进行。这种交易行为我们称之为招标。投标就是针对招标人拟定的招标文件,投标人或投标单位已经同意在此基础上对招标项目估算自己的报价水平,并提出相应的条件,通过竞争达到中标的一种交易方式[5,6]。通过这种方式增加公平性。

（2）许高峰等学者持有的观点是,招标投标是一种市场交易行为。在这个行为中,采购人对于拟采购的货物、工程或服务的条件和要求需要事先向众多投标人讲明,然后请参与者按照规定格式参加投标,并从中选择交易对象。按照采购交易的过程以及招投标的流程,它必然包括两个最基本的环节,即招标和投标。招标中,招标人处于主动,招标人以一定的方式(如信函等)主动邀请不特定或一定数量的自然人、法人或其他组织投标。投标中,投标者属于被动地位,是在招标人的邀请之下参加项目的投标竞争。没有招标人的主动招标,供应商或承包商不会主动投标。没有供应商或承包商的投标,采购人的招标就得不到响应,自然也就没有开标、评标、定标和合同签定及履行等。在全球各地以及国际组织的招标采购法律规则中,虽然大多只称招标,但都会针对投标提出一定的约束和规定。所以,招标与投标是一对相互对应的范畴[6,7]。

3. 投标决策

决策是管理研究中的重要内容。因为决策具有多方面性,根据所强调的方面不同,会对决策有不同的定义。目前,关于决策比较有影响的观点有两种,一种"管理就是决策",1978 年由诺贝尔奖获得者H. A. Simon 教授提出的,这也是公认的对决策的基本定义;另一个有关决策的定义"决策就是做决定"是由我国著名经济学家于光远先生提出的。

通常人们认为,决策是指人们为某特定的行为确定目标以及制定并选择行动方案的过程。决策通过决策分析来进行。目前在企业管理、城市规划、公共事业、资源勘探、投资分析等许多领域得到广泛应用的决策分析理论与方法,历史不过二三十年的时间,甚至理论尚不够完善,但在这些领域已取得了显著效果。决策分析是数量化分析各种可能出现的情况,出现可能性的大小,以及各种可采取的行动方案,用数量化的方式把整个决策过程显示出来,以达到简单、明确、形象的目的,对决策的诸因素用一定的工具、技术和方法进行准确的计算和判断优选后,对未来行动做出的决定[8]。

承包商通过投标取得项目,是市场经济条件下和建筑市场规范化的必然产物。但是,作为工程项目承包商,对每个项目都进行投标,既不可能也没有必要。这里存在着投标决策问题。所谓投标决策,是指承包商对投标目标进行选择、确定,以及对投标行动方案的制订过程。

1.2.2 本书研究范围

在激烈的竞争性招投标中,由于有竞争对手的参与,投标决策的决策过程充满着不确定性[9]。它包含着两个在流程上连续的决策阶段,即投标决策和报价决策。工程投标决策是第一阶段,是指承包商通过对工程承包市场进行详尽的调查研究,广泛收集招标项目信息之后,认真地进行选择、确定适合本公司的投标项目和制定投标行动方案的过程。报价决策是指对第一阶段决策之后,即投标做出选择之后,承包商经过一系列的计算、评估和分析之后,确定直接成本,然后决策者利用决策模型和自身经验、直觉等,从既能中标又能盈利的基本目标出发所出做的最优报价决策。按照投标决策的流程来看,结合文献[10,11],我们将投标决策主要划分为三方面的内容:其一,针对某项目招标,对投标,或是不投标进行决策;其二,在多个拟投标项目中,根据公司实际情况有选择的进行投标;其三,最优报价决策以及报价策略问题。

本书研究的投标决策是指上文所提到的投标决策的前两个方面。即,承包商如何针对某一项目做出投标与否的决策;当面对多个项目时,如何做出投标项目选择。

1.3 本书研究思路与研究内容

1.3.1 研究思路

目前对于招投标的研究,主要沿着两个方向发展:一个是一般的招投标研究,即不限定行业,只对通用的招投标方法、理论、策略等方面进行研究;另一个是将招投标与不同应用领域结合起来的专业研究。在一般研究领域,通常是采取决策与对策模型,这些模型在许多领域具有相对适用性和可操作性[12-15]。在个别应用研究方面,则与相关专业领域结合,提出一系列专门的有针对性的模型和方法。如研究水电工程的投标风险决策[16],如结合巴基斯坦 Duber Khwar 水电工程项目来开展国际工程投标风险评价与决策模型的研究[17],如研究电力市场中投标策略方法[18]等。以及其他领域方面的应用[10,19]。

本书的研究思路可描述如下:利用不同学科的理论与技术,把统计方法、系统科学、评价方法(如 DEA 和模糊综合评价)、决策理论等多领域的理论与技术有机结合,针对建设工程项目风险因素多、定量指标与定性指标共存、许多评价指标无历史数据可循等特点,通过深入分析并找出有哪些主要因素能够影响建设工程项目投标决策,着重围绕如何科学合理地对建设工程项目进行风险评估、投标机会,即是否需要投标决策、几个拟投标项目中如何选择等几个方面展开研究,系统地对工程项目投标决策指标体系、工程项目投标机会决策、工程投标项目选择决策模型进行了阐述,并探讨了这些模型的应用条件及相关技术平台,以期对工程项目投标决策提出切实可行的理论方法,以供决策者参考。

1.3.2　研究的技术路线

本研究的技术路线如下:

(1)通过详读国内与国外相关领域的资料,对工程项目投标决策领域的国内外研究水平和发展动向进行了深入分析与把握。

(2)以工程项目投标决策问题为核心,全面分析其特点后,以系统科学、决策理论、统计分析等多领域方法的结合,对工程项目投标决策风险指标进行深入研究。

(3)在工程投标决策风险指标体系的基础上,把多种技术(如模糊理论与风险决策、数据包络分析、模糊综合评价等)进行有机结合,坚持定量与定性研究相结合,对工程项目投标决策的 Bid/ No – Bid 决策与项目选择问题等进行探讨与分析。

(4)有机结合理论研究与应用研究。在理论研究的前提下,选择其中比较典型的是否投标问题与项目选择问题作为本项研究工作的实际对象,结合算例来论证本书所提出的理论、方法的实用性与适用性。

（5）对研究成果进行了总结,并提出尚需改进的缺陷,展望了进一步研究的方向。

1.3.3 研究内容

根据1.2.2节所圈定的研究范围,加之对前人研究成果的借鉴,本书对工程项目投标决策指标体系、是否投标与项目选择等问题进行了深入研究,期望在是否投标与项目选择决策领域实现一些新的理论或实践上的突破,从而对现实中管理者进行决策时有一定贡献。本书主要研究内容分章介绍如下:

（1）第一章:绪论。详尽描述了本书的研究背景及研究意义,通过界定相关的概念和研究范围,明确了本书的研究思路和主要研究内容,最后阐述本研究的结构安排与创新之处。

（2）第二章:文献综述。首先回顾了国内外在工程投标决策方面理论研究与应用研究的现状,并在此基础上将已有研究成果进行了归纳分类;其次给出了与本书研究相关的技术方法(模糊理论、模糊综合评价、数据包络分析等)的简要介绍。

（3）第三章:对工程项目投标决策的风险指标进行研究,通过分析建设工程项目的特点,在大量查阅文献的基础上,运用统计分析方法选择风险评价指标,建立工程项目投标决策指标体系。

（4）第四章:根据第三章确定的工程项目投标决策指标体系,结合模糊数学理论,提出了一种基于模糊风险评估的 Bid/ No – Bid 决策方法,将根据模型计算出来的风险当量与之前确定的风险值进行比较,来对是否投标问题进行决策。

（5）第五章:根据工程项目投标决策指标体系,结合模糊数学理论,提出了基于 DEA 交叉评价与模糊理论的工程项目选择方法,用来对项目选择问题进行探索。

（6）第六章:将模糊隶属度与数据包络分析(DEA)中的交叉评价进行有机结合,设计出基于隶属度的模糊综合评价模型,将工程项目中量化数据用 DEA 交叉评价进行处理,再模糊化,与非定量指标一起进行最终评价,从而对拟投标项目进行选择。

(7) 第七章:在第六章的基础上,创新性的定义了最小交叉效率、最大交叉效率,提出了一种新的交叉评价结果模糊化的方法。并在此基础上建立了基于交叉评价的模糊综合评价投标决策模型。

(8) 第八章:针对项目投标决策中既有客观数据,又有主观数据,且属性权重完全未知的情况,给出了处理方法。将量化指标用 DEA 交叉评价方法处理,并将之模糊化;非量化指标采用模糊综合评价,最后再一起进行最终评价。引入离差最大化方法确定各属性的权重。该方法充分避免了由决策人员人为指定权重造成的主观性,使最终结果更加合理。

(9) 第九章:总结与展望。总结全书研究与结论,提出研究创新点、局限性及今后有待进一步研究的空间。

全书具体结构安排及相互关系如图 1-1 所示。

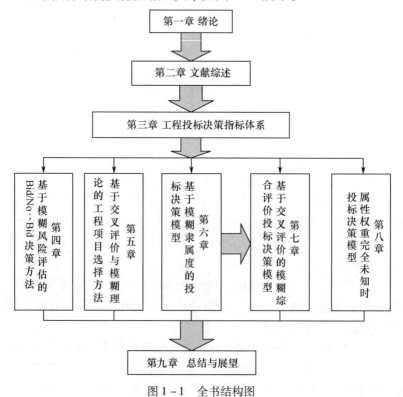

图 1-1　全书结构图

1.4 本研究创新点

（1）大量阅读相关文献的基础上，对工程项目投标决策的风险指标运用统计分析方法进行了整理，揭示了我国工程项目投标决策所需要考虑的最基本最重要的五个方面：①承包商自身情况；②竞争对手情况；③业主情况；④项目所在地综合情况；⑤项目自身情况，并建立了工程项目投标决策的综合评价指标体系。

（2）结合我国当前建筑市场信息化程度不高，历史数据不充分等特点，提出了一种基于模糊风险评估的 Bid/ No – Bid 决策方法，根据模型计算拟投标工程项目风险当量，最后根据其大小来进行是否投标的决策。

（3）根据工程项目投标决策指标体系，结合模糊数学理论，提出了基于交叉评价与模糊理论的工程项目选择方法，用来对项目选择问题进行探索。

（4）根据工程项目量化数据与非量化数据并存的现状，将数据包络分析的交叉评价与模糊数学结合起来，将量化数据交叉评价的结果模糊化为对应评语的隶属程度，再与非量化数据一起进行总体评价。

（5）在第 4 点的基础之上，创新性地提出了最大交叉效率、最小交叉效率的概念，将最小交叉效率、平均交叉效率、最大交叉效率模糊化为该量化评价指标的三角模糊数的隶属函数，设计出基于交叉评价的模糊综合评价投标决策模型，将工程项目中量化数据用 DEA 交叉评价进行处理，再模糊化，与非定量指标一起进行最终评价，从而在拟投标项目中选择出最适合进行投标的项目。

1.5 本 章 小 结

本章阐明了工程投标决策问题的研究背景及研究意义，然后针对工程投标决策的流程，界定了本书所要研究的问题范围（流程的前两部分），并且提出了本书的研究思路、主要的研究内容、技术路线以及结构安排，最后对本书的主要创新点进行了阐述。

第二章 文 献 综 述

2.1 投标决策模型研究

在竞争性投标中,投标决策是施工企业经营活动的一项十分重要的内容,同时作为一个复杂决策过程,也充满着不确定性。从投标决策的流程上来讲,一般包括三个连续阶段:投标机会决策,即某个项目是否参与投标、工程项目选择决策以及最后的报价决策。因为建筑工程招投标制度在国外已有较为悠久的历史,我国从 20 世纪 80 年代开始推行招投标制度至今也有一段时间,国内外学者在这些领域展开了广泛的研究,并取得了丰硕的研究成果(尤其是在投标报价决策方面)。本研究在认真参考文献[9,20]分类的基础上,在阅读了大量近年的研究文献之后,将目前投标决策研究的现状进行了整理,并归纳出主要的模型及方法。

2.1.1 Friedman 模型及其改进模型

到底什么是投标报价,国际上普遍采用的公式为:报价 = 直接成本估算价 + 标高金。这是 International Bid Preparation 一书的定义。其中所有设备、劳务以及材料的费用属于直接成本,另外直接参与人员的安全、福利、保卫和人工费等费用以及办公室、食堂等临时设施的费用也属于直接成本。包括上级公司管理费或总部管理费、利润、风险费是标高金。

由于工程招投标制度在国内外已有较为悠久的历史,而投标的报价对于施工单位中标与否又是极为重要的因素,既关系到是否能够中标,又关系到中标后能否为公司获得较为可观的利润,因此对于投标报价的研究,提出的各种模型与方法较多。在这些研究中,标高金(或者称为报高率)的确定又是最为典型与集中的一类。

14

在这些标高金(或者报高率)的模型中,最为著名的是投标概率模型,它也被称为 Friedman 模型。学界认为它是关于竞争性投标最基本的科学方法和最重要的理论之一,后来有许多模型在它基础上进行发展而成。

考虑到 Friedman 模型的重要地位,我们先将 Friedman 模型进行简单的回顾。该模型由 Lawrence Friedman 于 1956 年在他的研究论文中首次提出[21],研究的是密封式投标问题:第一步,首先规定承包合同的获得必须依靠投标的方式;第二步,大量业内公司接到政府机构的邀请,想获得承包合同的各个公司分别提出一个报价,且必须独立提出;最后哪家单位报价最低,便赢得合同的承包资格。在文中,他假定各个投标商对其他竞争对手的报价信息未知,报价过程相互独立,然后通过计算某投标商单独对每一个竞争对手的概率来计算其在决定参与投标时,与其他投标者竞争时候的胜率。

设在某次投标中一共有 k 个竞争对手,且彼此间报价相互独立、互不干扰,若 x_0 为我方报价,$x_1, x_2, \cdots, x_k$ 分别为 k 个竞争对手的报价,那么我方中标的概率可以表示为

$$p(\text{win} \mid x_0) = p[(x_0 < x_1) \cap (x_0 < x_2) \cdots \cap (x_0 < x_k)]$$

按照前面假设,所有投标商的报价都是彼此独立的。根据概率论相关原理,上式变为

$$p(\text{win} \mid x_0) = p(x_0 < x_1) \times p(x_0 < x_2) \cdots \times p(x_0 < x_k)$$

我方的期望收益表达式为

$$E(\pi) = (x_0 - c) \times p(\text{win} \mid x_0)$$

其中:$E(\pi)$ 为期望收益;c 为我方的估计成本。对期望收益求导数 $\mathrm{d}[E(\pi)]/\mathrm{d}(x_0)$ 并令其为 0,则可求出使我方期望收益 $E(\pi)$ 最大的报价 x_0^*,此即为最优报价。

后来有一些学者对 Friedman 模型进行了改进。如 1967 年,投标决策方面权威人士,时任美国建筑评价组织主席的 Gates[22]认为,每个承包商都希望获得的直接利润大,而这就需要提高报价。但是随着报价的增高,其可能中标的概率就会逐渐变小。而企业直接利润的获得有一个前提条件,即能够中标。否则假如不中标根本无利润可言。而且他认为在一个市场中,所有参与投标的投标者报价不可能不受其他

报价者的影响。因为人员、物资等资源是可以自由流动的,也即他们是有关联的。Gates 认为,在已知竞争对手投标资料和给定标高近的情况下,中标的概率为

$$p = \cfrac{1}{\cfrac{1-p_A}{p_A} + \cfrac{1-p_B}{p_B} + \cdots + 1}$$

其中:p_A 为战胜对手 A 的概率;p_B 为战胜对手 B 的概率。当我方仅知晓有 n 个竞争者欲投标,但不知谁是竞争者,亦或即使知道也不能得出各个投标者的获胜概率和相应标高金的回归方程,Gates 认为对于每个标高金值,我方击败各个竞争者的概率相同,此时我方赢取合同的概率变为

$$p_n = \cfrac{1}{n \cdot \left(\cfrac{1-p_{Trp}}{p_{Trp}} \right) + 1}$$

其中:p_n 为战胜 n 个未知竞争对手的概率;p_{Trp} 为战胜一个典型竞争对手的概率。

　　针对 Friedman 模型的不足,Gates 在其模型中进行了相应改进,通过相应的例子来说明其模型的优势。在这个改进的模型中,他将击败各个竞争者的问题看做一个独立事件。他除了研究具体知道所有投标者的策略和只知道投标者个数的策略以外,还研究了另外五种不同竞标环境下的投标策略:非平衡策略、两个和多个投标者策略、孤立策略以及最小差距策略。

　　20 世纪 60 年代末,Morin 和 Clough 在 Friedman 模型的基础上提出了最优利润率报价模型[23]:

$$E(V/FBC) = (FBC - 1) \times p(W \mid FBC) \times C$$

其中:FBC 为承包商标价与其估算成本的比值;$E(V/FBC)$ 为承包商中标的预期利润;$p(W \mid FBC)$ 为承包商在 FBC 情况下中标的概率;C 为我方估计的成本。此模型可以确定承包商在某一时期的最佳毛利润,以便承包商达到经营目标,可操作性比较强。

　　1982 年,Carr 提出了机会成本报价模型[24],在竞争性投标报价分析中将机会成本纳入考虑因素,改进了最优利润报价模型,使得承包商

对有关整个公司或单独项目的决策不同,可较为深入地反映出公司在竞争市场中的地位。此模型中,针对某个工程,承包商的预期中标利润为

$$E(V/\text{FBC}) = E(F/L) + p(W \mid \text{FBC}) \times (\text{FBC} - 1 - \Delta) \times C$$

其中:$p(W \mid \text{FBC})$为获得工程的概率。本次一旦中标,将有利于以后中标。从以后的投标机会中得到的预期利润为 $E(F/L)$;假如本次不中标,从以后的投标机会中得到的预期利润为 $E(F/W)$;$\Delta = [E(F/L) - E(F/W)]/C$,为标准的机会成本。

也有一些国内学者,对 Friedman 模型进行了改进。如鲁耀斌等人[25]把投标商的投标策略分为乐观型、悲观型和中间型,分两种情况来考虑未明竞争对手:一种是完全不知其情况,此时对投标商所遇到的所有竞争对手进行考察,此未明对手的投标情况以他们的综合投标报价分布来模拟;二是只知其很少的资料,此时的分析以这些获得的资料为基础。以上两种情况下,报高率与赢标率之间的线性回归方程,均以模糊预测方法来建立。在此基础上提出了基于模糊回归理论的改进 Friedman 模型。朱莲[13]在 Friedman 模型的基础上,将最低报价和成本之间的比率假设为服从正态分布,从而对 Friedman 投标策略模型进行了简化。

以上所提到的这些模型,均是以 Friedman 模型为基础建立的(或者 Friedman 模型本身)。Friedman 模型的应用有一定局限性,它的成立基于 5 个假设:投标者的目标是利润的期望值最大;可以获取充分的竞争者历史报价信息;竞争者在此次报价中依然采取以前的报价方式,不发生任何改变,且不受其他竞争者的影响;每个竞争者的历史报价可以看作从某一个分布中所随机选取的样本,该分布的形状是固定的,且参数也保持不变;对任意工程的投标报价,所有竞争者的数据都是独立统计的。这些改进模型能够建立,主要是基于对过去竞争对手投标的有关资料与信息充分的把握。对竞争对手情报,企业必须了解充分,分析结果才会较为理想。而这除了要求投标方对竞争对手的历史情报信息全面了解以外,还得保证竞争对手的投标模式在此次投标中不能发生任何变化。

但事实上,建筑工程由于其自身不确定性大、未明信息多、信息化

不够高等特点,投标方在进行投标决策分析时,不可能对此项工程全方面的信息了解透彻,尤其是竞争对手历史投标记录通常只能得到部分信息。况且对于竞争对手来说,随着自身条件不断变化,他们的投标策略不可能一成不变地照搬以往,而且还有市场环境的变化也会对投标策略产生影响。两方面原因造成上述 Friedman 模型在使用中缺乏有效的应变手段,在实际决策中往往误差会较大。

2.1.2 博弈论模型

博弈论(game theory),又称为对策论,是研究在风险不确定情况下,多个决策主体行为相互影响时的理性行为及其决策均衡的问题。它是研究博弈过程中局中人各自选择策略的科学,是研究局中人的行为、局中人形成决策时的相互影响,及他们之间的冲突与合作的关系的科学。即,在竞争中,规则一旦固定下来,结果需要经过所有决策者共同地决策才能实现,而非被单一决策者掌握。因此单一决策者为了使自己个人利益最大化这一目标在竞争中得以实现,在采取策略时,所有决策者的决策趋向都应该在考虑之内。

从博弈论的定义可以看出,工程投标作为一种竞争活动,带有非常典型的博弈特征。所以近几年许多学者将博弈论理论应用到投标报价分析中,并取得了一系列成果。

刘勇[26]试图用博弈论的观点来分析建筑生产招投标过程中发生的一些现象,希望通过引入博弈论这种方法,在招投标中达到一种规范的均衡,为实践中所提出的解决方法提供理论上的依据。郝丽萍[27]根据工程投标活动所带有的典型博弈特征,假定投标者信息是对称的,首先建立了有两个投标者时的报价博弈模型,得出最优报价水平。然后又针对更为符合投标实际情况的、存在多个报价者情况进行了分析。最后的研究表明,投标者信息对称的前提下,不管投标者是两个或多个,最后中标的必然是实际成本最低的企业。进而研究了把投标报价博弈模型放在信息不对称条件下,此时由于无法得到工程的实际成本,我们运用数量统计的方法抽象得出成本分布函数,经分析该分布函数具有动态性。之后用模糊预测的方法处理竞争对手的成本估算和报价估计等信息,以博弈模型及模糊预测为基础建立了工程投标报价的决策方法,并进行了实证分析[28]。

吕炜[29]在考虑了各工程量清单子项的单位成本分布函数、投标企业的报价函数以及投标企业竞标成功的概率等因素之后,结合博弈论中一级密封价格拍卖理论,假设在不完全信息下,研究了建设工程投标企业的工程量清单投标报价博弈模型。通过对模型解的分析,最终得出了投标企业的最优投标报价策略。文献[30]把在信息对称的条件下,将投标者成本分布确定为正态分布,研究并建立了投标博弈模型,得出了各自投标者的最优报价水平。文献[31]着重分析了投标人的数量和投标结果之间有何关系,以及最优报价模型在实践中有哪些应用等相关问题。此方面的研究还有文献[32－40]。

根据以上文献的分析,再结合参考文献[41],将在招投标过程中广泛使用的博弈论模型整理如下:

1. 静态贝叶斯博弈

招投标过程中,投标人之间的博弈竞争,可视为典型的不完全信息静态博弈。各自提出的报价即为各个博弈方在博弈中采取的策略。此处我们暂不考虑前期投标费用,假如中标,他对项目成本的估价与最终报价之差即为其得益;若未中标则得益为 0。各个投标者在选择自己的策略(即报价水平)之前都无法知道其他投标者的报价(因为各投标者的标书是密封递交同时开标),所以,做出的只能是根据以往的经验的大致的估算。投标者对项目的成本估算和报价均在私下进行,属私人信息。这些条件完全满足不完全信息静态博弈,又称为静态贝叶斯博弈。

设有 n 个投标人参与某项工程的投标,第 i 个投标人的估算成本为 c_i,报价为 $b_i(i=1,2,\cdots,n)$,这个成本 c_i 只有投标人自己知道,并且各个投标人的估价成本相互独立。将满足项目方案招标要求的投标人称为有效投标人。评标机制是从有效招标人里面选出报价最低者,给予获得工程合同的权利。

据上分析,第 i 个投标人的收益函数表达式如下:

$$E_i = \begin{cases} b_i - c_i, & b_i < b_j \\ \dfrac{b_i - c_i}{2}, & b_i = b_j \quad i,j = 1,2,\cdots,n,j \neq i \\ 0, & b_i > b_j \end{cases}$$

19

在报价博弈中,对于该项目的估算成本,每个投标人对于其他竞争对手的真实成本并不知情,只能大致估算出自己的成本值。但依据经验,可以知道竞争对手成本的概率分布。因此给定投标人 i 报价为 b_i 时,期望收益函数为:$E_i = (b_i - c_i) \prod_{i \neq j} P(b_i < b_j)$,其中 $P(b_i < b_j)$ 表示投标人 i 的报价 b_i 比报价人 j 的报价低的概率。投标人 i 所面临的问题是使得自己的收益最大化,即 $\max_{b_i} E_i$。通过求解即可得到投标人的最优报价策略。

若投标人报价过高,有可能失去中标机会;若报价过低,又会导致即使中标也无利可图甚至有可能会使公司亏本。所以,投标人在报价时,中标机会和收益大小都需要兼顾。根据贝叶斯博弈均衡相关理论可知,假设投标人都是理性的,那么他们之间相互博弈的结果,是投标报价和项目成本价无限趋近。

2. 顺序博弈

顺序博弈就是指后续行动博弈者对率先行动博弈者所做出的反应。以工程建设市场举例,在某个地区或者某个领域内,若存在投标人1已在此次招标项目之前在当地承包过项目或者中标过在其他同类项目,而且,在本地市场或这个领域树立了口碑,企业形象良好,在这种情况下,投标人2若想进入该领域或该地区就属于顺序博弈。这个时候,投标人2首先需要做的决定是是否进入该地区或领域;针对投标人2的行为,投标人1需要做出阻止或默许的决定。显而易见,投标人1不但占据天时、地利、人和,而且在成本方面具有更强的竞争。投标人2面对投标人1所具有的各种有利条件,必须依据具体情况做出相应的反应,对进入该市场或该领域所能获得的短期利益和长期利益进行权衡。

假设博弈的整个过程可分为两个阶段。首先是投标人2所采取的行动,第二个阶段是投标人1所采取的对应行动,而且,投标人1在行动之前已掌握了投标人2的动向。令 Ω_1 是投标人1的行动空间,Ω_2 是投标人2的行动空间。当博弈进入第二阶段的时候,给定投标人2在第一阶段的选择 $a_2 \in \Omega_2$。

投标人1面临的问题是使自己的收益最大化,即 $\max_{a_1 \in \Omega_1} E_1(a_2, a_1)$。

显而易见,投标人 1 的最优选择 a_1^* 取决于投标人 2 的选择 a_2,即 $a_1^* = R_1(a_2)$;对于投标人 2 来说,他应当可以预测到投标人 1 在博弈的第二阶段将按照 $a_1^* = R_1(a_2)$ 的规则行事,因此,投标人 2 在第一阶段面临的问题是:$\max_{a_2 \in \Omega_2} E_2(a_2, R_1(a_2))$。令上述问题的最优解为 a_2^*,则博弈的均衡结果为:$(a_2^*, R_1(a_2^*))$。

一般情况下,作为既得利益者的投标人 1,为了避免他人进入造成对自身的威胁,会主动降低竞争报价,同时,在竞争对手分析、市场信息收集、前期的投标费用等各方面费用会有所增加,这必然导致最终利润的降低,即通常所说的"进入障碍"。著名经济学家 Bain 主张,进入障碍应通过企业相对于竞争对手所拥有的有利条件来界定。因此,在阻止进入的博弈中,如果想依靠投标报价来规避竞争对手,企业就必须采取低价的策略。决策者需要权衡所面临的风险以及可能取得的利润然后做出决策,即:参照企业的长期经营目标,视投标项目的具体情况,确定此次投标是为了取得项目获得短期利益,还是为了保持市场占有率,获取长期利润,达成不同的目标决定了投标者需要采取差异性的报价策略。

3. 重复博弈

重复博弈,从字面上理解,指同样结构的博弈多次重复,其中的每次博弈称为"阶段博弈"。但在重复博弈中是有历史数据可循的。这是因为我们可以通过观察得到其他博弈方过去的历史行动。因此,博弈方的行动和结果并不是基本博弈的简单重复,而是每一次的行动与结果,都受到重复博弈过程中当时能搜集到的其他博弈方历史行动的巨大影响。因此,重复博弈和每一阶段博弈相比,博弈方的战略空间具有显著差异,重复博弈的战略空间更大也更为复杂。单次博弈中,我们只需要考虑短期的当期支付。但是,重复博弈是个长期多次博弈过程,除了对短期利益关系的考虑,还要考虑长期的利益(在整个重复博弈过程中,所有阶段博弈支付的贴现值之和被看成总收益)。所以,在与投标人的重复博弈中,投标人对竞争对手的历史报价(上一期或上几期的报价行为)非常关注,并使用它们来模拟此次投标中竞争对手的最终报价,最终本次投标采取的决策受到模拟结果的巨大影响。

对于某次投标中遇到的竞争对手,投标者可以收集竞争对手在报价和成本方面的数据(因为本次投标相互独立,故只能获得以前同类工程方面的资料),然后,根据资料来计算自己的报价以及获胜的概率。若预期利润表示为标价与估价的差和中标概率的乘积,那么就可以很容易得到最优方案与期望收益。

与单次博弈类似,在重复博弈中,招标人会想尽一切办法对投标人的类型做一个判断。而这个判断也正是基于该投标人的历史行为。因此,会通过各种方式搜集投标人以前投标中的资料。作为投标人,考虑到长远利益,一个"好"声誉对于每次中标是非常重要的,因此,他会很积极去建立,这是重复博弈所带来的"额外"收获,是在一次博弈中从来不会出现的均衡结果。

4. 合作博弈

一般情况下,竞争性投标中,投标人的博弈均属于非合作博弈。如果在招投标博弈中,参与人之间为了达成用来约束彼此的行为的某种协议,相互之间事先进行了协商,他们会执行相应的策略以满足协议的要求。这种博弈就是合作博弈。如今,建设项目的规模和复杂程度随着社会发展日益增大,业主对建筑项目提出了更高的要求,有时一家承包商的力量不足以胜任。加之建筑市场本身竞争非常激烈,承包商要想在投标中胜出,几家承包商一起"抱团",在竞争中寻求合作,走联营承包的道路势在必行。此时,联营体内部各个承包商之间也有博弈,这个博弈就是一种合作博弈。单从定义来讲,投标人为达某种目的,在投标过程中进行合谋,也是投标人之间的一种合作博弈。但从法律层面上来讲,这种行为是违法的。

2.1.3 层次分析法

随着建筑市场的发展,竞争的加剧,投标决策变成了一个充满不确定性的、多风险因素的复杂决策过程。除了竞争对手的报价水平,还需要考虑自身实力、业主条件等主观情况,另外项目技术复杂程度、工程地理位置等客观条件的风险因素等也都与投标决策密切相关,作为投标企业的项目决策者均需要对其进行分析。而上述 Friedman 模型及其改进模型及博弈论模型,却都只考虑了竞争对手的报价这一单一的风险因素。如上所述,实际中投标报价所要考虑的风险因素却很多。这就为 Friedman 模型及其改进模型、博弈论模型的应用造成了一定的局限性。

投标决策所要考虑的这些因素,既有定量的,也有定性的;既有技术方面的,也包括经济、社会等方面。若要建立数学模型对其进行精准求解会非常困难,有可能是无解的。多年来,针对多风险因素投标报价问题,相关专家和学者提出或借鉴了许多方法。层次分析法(AHP)就是其中的一种。

决策者面临多目标、多因素的决策问题时,要给出正确的选择,如果仅仅是依靠直觉或定性分析是远远不够的。层次分析法是 20 世纪 70 年代中期由美国匹兹堡大学教授 T. L. Saaty 提出的一种多准则决策方法,其思路是先把一个复杂的多目标问题分解为不同组成要素,然后按支配关系将这些要素分组,从而形成一个有序的递阶层次结构。各个层次中诸因素的相对重要性通过两两比较的方式确定。最后,通过人的主观认识来确定诸因素的重要度排序。

针对那些难以定量的问题,层次分析法能引入定量分析。两两比较时,决策者一般会有偏好。该方法正是利用偏好信息进行分析与决策支持,尤其适合于复杂决策过程。所以一经提出就得到了许多学者的兴趣,并在此方面进行了深入研究[42-45]。AHP 方法在多风险因素投标报价决策系统中也得到了很好的应用,有许多学者在此方面做了大量研究。

Seydel 和 Olson[46] 考虑到实际投标报价中,决策者不仅仅是考虑利润这一单一目标,而是需要综合分析各方面风险,给出了一种基于 AHP 来确定多风险因素投标报价的方法。他们将其分为三步:首先,为了得到权重矩阵,需要对各目标之间的相对权重用两两比较,权重向量通过对矩阵求特征根并进行规范化处理后得到;其次,根据不同的报价,求解每个目标的备选方案的期望效用,得到期望效用矩阵并规范化;最后,计算不同投标报价下的总期望效用,最优的报价就是总效用最大的投标报价。

於永和、徐志红等人[47] 根据 BOT 项目投标报价决策目标,运用层次分析法的原理建立基于 AHP 的 BOT 项目投标报价策略决策模型,并通过投标实际来验证模型的可靠性和适用性。侯景亮等人[48]考虑到工程项目的一些指标为定性指标,不能用传统方法得到较好的评估结果,选择了运用灰色多层次模型将这些定性指标定量化,即将灰色理论与层次分析法相结合,虽然确定指标权重时仍然会受到一定的人为因素的影响,但如此结合之后能将主观评价降低到最低限度,为工程项目投标决策提供了较为客观的方法。

李虹等人[49]为使复杂传统的评价思维过程数学化,将层次分析法与自组织神经网络结合起来进行项目选择。具体做法为先采用层次分析法确定各影响因素的相对权重,第二步再构建自组织神经网络模型对工程项目进行评估之后进行决策。马振东等人[50]针对建设项目评价指标之间不独立,存在相互影响的情况,应用 DEMATEL 法对多层次模糊综合评价法(AHP – FCE,层次分析法与模糊综合评价法的组合)进行改进,提高了指标权重的客观性及科学性,为建设项目评价提供了一种有效地方法。有关此方面的研究还有文献[61,17,51 – 53]等。

2.1.4 人工神经网络法

神经网络(ANN)是一种人工智能技术,通过对生物神经系统结构的模拟来处理输入输出数据,具有很强的自组织、自适应和自学习的能力特点。它可以通过系统所提供的历史数据来学习和训练,并能够根据这些数据找出输入及输出之间的内在联系,从而求解问题。此外,神经网络还具备容错性、泛化性、高度的非线性映射性等特点,因此,它可以处理未经训练的数据或不完全的数据,可实现输入与输出之间的非线性逼近。正因为如此,多风险因素投标报价中,神经网络技术日益受到重视。

基于神经网络的报价模型(DBID)由 Moselhi 等人在 1993 年提出[54],他将 30 个影响报高率的指标根据报价案例情况分为公司本身的数据、承包商针对目前项目编制标书所需的数据、公司典型竞争对手的数据三类,按照重要程度由高到低分别赋值 1、2、3、4、5,用神经网络来训练这些数据,最后依据模型,给定中标率情况下的报高率得以计算出来。Li H[55]利用 ANN 构建了估价模型,首先将它与回归模型的结果进行了比较分析,然后又进一步分析了模型的精准性问题。随后又

24

在 1999 年提出了一种 ANN 系统对投标样本训练学习来进行投标报价预测[56]，这个 ANN 系统具有自解释能力。其主要思想是为了能够找到系统的输入与输出之间有何映射关系，其方法就是通过获得的历史数据对神经网络进行训练。当施工单位对新项目进行投标时，在该模型中输入新项目的相应参数，再根据输出与输入之间的关系，就可以获得该项目的最优投标报价。因其具有一定代表意义，我们来介绍其层次模型及相应的 ANN 模型分别如图 2 - 1 和图 2 - 2 所示。

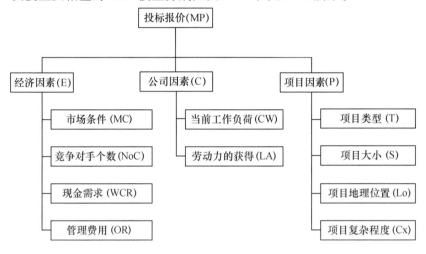

图 2 - 1　影响投标报价的多因素层次(ANN)

针对 BP 神经网络收敛速度慢和易于陷于极小值等缺点，王雪青、喻刚等人[57]提出了基于遗传算法优化 BP 神经网络的标高金预测方法，通过遗传算法优化 BP 神经网络，有效改善了其收敛慢、易陷于最小值的弱点，最后结合实际算例，证明了该方法在建设工程投标报价问题上的适用性和实用性。标高金的确定是建设工程投标报价中一多因素决策问题。2008 年，喻刚等人将粗糙集理论(RS)和自适应模糊神经网络(ANFIS)结合起来，提出了两者集成的标高金确定方法，以期对建筑工程标高金的确定提供更为科学合理的探求[58]。

投标前期决策中常用的决策分析方法，大多并未能有效解决影响因素之间、影响因素与决策结果之间的复杂非线性关系。严薇等人[59,60]结合人工神经网络分析方法的要求，再加上调查、比较与分析，

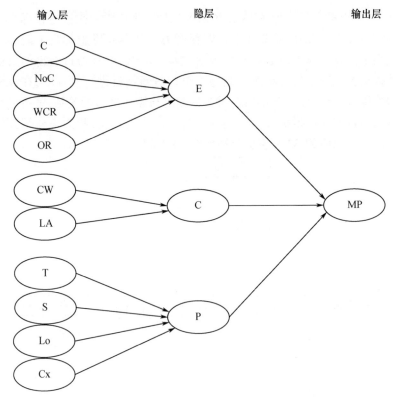

图 2 - 2　多风险因素投标报价神经网络决策模型

给定了投标前期决策影响因素的指标体系。将人工神经网络技术应用
于投标前期决策(即是否进行投标阶段),建立了基于人工神经网络的
投标前期决策模型,该方法具有较好泛化学习能力以及较好学习速度。
此方面的研究还包括文献[61,62]等。

2.1.5　模糊综合评价法

模糊评价法(FCA)是将招标工程抽象成为数学模型来加以量化计
算报价。Fayek[63]在 1998 年对 FCA 法在土木工程领域多因素投标报
价中的应用进行了研究,给出了该方法的模型(图 2 -3),并编制了应
用软件 PRESSTO(Project Estimating and Tendering Tool),最后验证了该
方法可以有效提高决策质量。

26

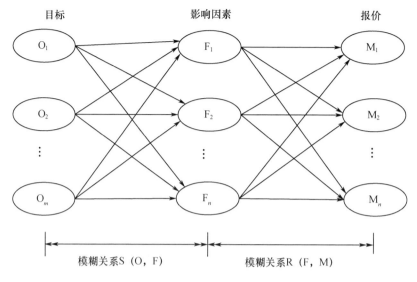

图 2 - 3　多风险因素投标报价模糊综合评价模型

朱天锐等人[64]研究了投标决策中的模糊评判,试着将决策的定量化方法运用到投标中。对于决策因素很多时的情况,王宝军等人[65]提出了多层次模糊综合评判模型,采用此模型得到的决策结果充分体现出决策的科学化与民主化,与仅仅根据少数投标因素就做出决策的做法相比,企业的风险大大降低。刘尔烈等人[66]根据我国建筑市场的竞争情况,建立了投标报价决策的评价指标体系,基于模糊集合理论,将工程投标决策看作是多目标决策问题,提出了不确定条件下的模型,以期尽量减少决策中的风险,从而获得科学合理的决策结果。

张朝勇等人[67]针对在多因素指标的综合评价问题上,建立相互独立的指标比较困难和人们的主观评价往往存在非线性的特点,在模糊测度与 Choquet 模糊积分的基础上,提出了一种新的工程投标多风险因素综合决策算法,进行投标决策时,承包商根据计算出来的项目风险值大小决定。

洪伟民等人[68]引入"熵权"的概念,在权重的确定上,采取主观与客观组合的方式。客观是指方案集中各评价指标的具体变异程度反映信息的效用程度,主观则是专家给出的主观权重,如此将主、客观权重组合得到综合权重。这种处理方法,一方面专家的知识与经验得到了充分的利用,另一方面因为客观权重的介入,传统评判方法中权数主观色彩过浓的缺陷也得到了有效改善,从而使得最终的评判结果更为客观、科学、合理。此方面的研究还包括文献[69-72]。

2.1.6 专家系统法

现实世界里,由于长时间在某一领域工作,该领域内的专家拥有大量的专门知识与经验,尤其是那些不能从书本上获得,而只能靠长期实践摸索和积累得到的启发性知识。这些经验与知识,对他们在决策中所起的作用不容小视。如果我们能把这些经验总结起来,以供其他决策者在以后的工程投标时也能采用,那无疑将大大提高决策的有效性。专家系统从本质上说是一种智能软件系统,该系统能够做到依据专家所拥有知识,进行自动的智能推理,进而实现模拟专家解决问题的效果。其运行机制在于,首先,将专家在以往的各种实际案例中解决问题时所运用的知识集中统计,然后将这些知识区分为事实和规则两种数据并将这些数据储存到计算机知识库中,当有新的问题出现时,就可根据用户提供的相关信息,将计算机中存储的知识充分调动起来,加之选择合理的推理机制,就可模拟专家的思维模式来解决问题。

专家系统在招投标方面也得到了非常广泛的应用。Li H 等人[56]结合人工神经网络给出了一种全新的工程项目投标决策专家系统。为了确定最优投标报价,加拿大 Anaheim Technologies 公司开发了一套专家系统[73],该系统可以解决多个风险因素的情况,目前主要是针对商用。我国学者赵平等人[74]建立了投标报价专家系统,将经济工程师看作建设工程项目的专家,通过模仿他们的思维活动来对拟报价项目进行推理以及判断,使得投标报价的智能化在部分上得以实现。我国清华大学土木工程系研制出了 ESBOP,称之为国际工程投标报价实用与教学专家系统[75]。该系统在数据库管理方面可以对工程量清单、分项工程人工、管理费、建筑材料价格、取费系数、材料和大型机械台班实物消耗定额、大型机械台班费等文件进行日常管理。当需要确定报价时,用户可自行设定系统的计算规则并存入知识库,对知识库中已有的文件可进行修改、补充和删除。利用国际上通用的不平衡报价法调整计算结果。

这些专家系统基本上是基于已有规则的专家系统(Rule – Based Expert System),包括知识库(根据专家经验建立)、人 – 机接口、综合数据库、推理机(自身的推理机制)、解释程序和知识获取等六部分,如图2 – 4所示。

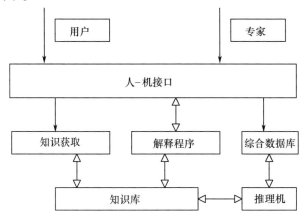

图2 – 4　投标报价专家系统的基本结构

2.1.7　基于事例推理法

基于事例推理(又称基于案例推理)(Cased – Based Reasoning, CBR)技术起源于20世纪70年代,属于人工智能技术,是人工智能发展过程中所涌现出来的一种推理模式,区别于基于推理规则(Rule – Based Reasoning, RBR)和基于模型推理(Model – Based Reasoning, MBR)。它与心理学原理、人类的记忆模式、人类的推理模式等原理密切相关。

其基本思路是:首先将所有已解决的问题存入事例库。当面对新问题时,从事例库中找出与之最相似的事例,因不完全相同,对找出的相似事例进行修改以使之完全满足新问题的要求,得到新问题的解,形成新的事例,存入事例库,以越来越完备事例库,备将来检索。基于事例推理的投标报价决策模型如图2 – 5所示。

出于成本和便易性方面的考虑,投标商们在确定新项目的报价之

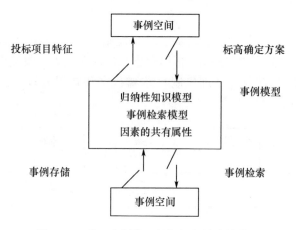

图 2 – 5　基于事例推理的投标报价决策模型

前,总是希望参考以前成功的投标案例,然后进行适当调整以及修改,来确定新项目的报价。所以,基于事例推理技术在投标报价决策中具有十分重要的意义。

　　Hegazy[76]提出了以案例推理为基础的报价决策规则。杨兰蓉等[77]对影响工程项目投标报高率的因素进行了分析,并对它们加以量化,然后在基于事例推理的基础上,建立了报高率确定模型。该模型在投标者进行投标报价决策时起到了一定的辅助作用。Chua 等[78]首先将影响报高率的因素划分为 4 类,然后用基于事例推理方法建立了报价系统,最后所建立系统的有效性用蒙特卡洛法进行了检测。Irem等[79]通过对土耳其承包商海外市场 95 个案例的分析,得出了基于事例推理的 CBR 模型来估算风险、机会和竞争程度等级,再通过线性效用函数把这些等级转化为风险和利润值。

2.1.8　其他方法

　　近年来,随着经济全球化的发展,各国对外交流进一步扩大,建设工程需求旺盛,其竞争也达到了空前激烈的程度。这直接推动了投标报价决策方法的发展,许多学者开始研究新方法、新技术在投标决策中的应用并且取得了一定的成果。除了上述介绍的之外,越来越多的新方法开始涌现。本研究选取比较有代表性的几种进行简要介绍。

现实中工程项目投标决策,往往存在信息不完全、不确定等特点。吴唤群[80]根据这一情况,对如何定量描述及规范化不确定信息、如何表达信度函数等问题进行了研究,提出了 D－S 证据理论二级递阶推理决策模型,该方法主要用于求解不确定多属性投标决策问题。陆广波等[81]用 D－S 证据理论来对投标竞争对手所造成威胁的风险进行评估,对工程项目投标决策建立了自己的模型。张朝勇[82]在分析了工程投标风险决策所应该考虑的主要因素的基础上,提出了基于 D－S 证据推理的工程项目投标风险方法,并具体介绍了决策过程及风险评价算法的步骤。

张英宝[83]尝试将金融市场中的 VAR 风险管理技术应用于建设工程投标风险评审,将工程量清单计价模式下的分项工程单价假设为符合正态分布的随机变量,构造出工程投标报价的投资组合,对工程项目投标报价 VAR 采用方差－协方差方法来度量,这作为一种风险分析工具,对建设工程投标报价评价也是适用与可行的。并且该方法也为工程投标决策风险分析提供了新的视角。

任玉珑等人[84]将支持向量机(SVM)方法应用到投标报高率的确定过程中,对 SVM 学习参数值的优化确定通过引入粒子群优化算法来实现。经由和传统的 ANN 法进行比较后,发现支持向量机方法不仅简单易行,且在报高率的准确率方面,该方法确定的值与实际值的偏差更小。

刘雷等人[85]把拟投标工程项目的选择看成是项目的排序问题,研究了网络分析法(ANP)的可行性,建立了项目选择评价模型。

2.1.9 总结

除了 Friedman 模型及以它为基础进行改进的模型,只考虑竞争对手的报价这一单一因素的还有博弈论模型。其他这些方法可以实现对多风险因素的综合分析与考虑,在一定程度上使得所确定的投标报价与现实的投标环境更加吻合,各个方法都有其独到的优点,但也都存在一定的缺陷。如 AHP 法虽然计算简单实用,决策过程一目了然,但期望效用矩阵计算复杂,而且两两比较法确定目标之间的相对权重时主观性较大;ANN 法虽适合处理多风险因素投标报价决策问题,但因常不能解释选取最优投标报价的原因而受到人们诟病。其他几种方法也各有利弊。

鉴于此,目前,多风险因素条件下的投标报价决策已呈现出对几种方法进行集成的趋势,而不再限于以上的某一种方法[20]。如 Salotti[86]建立的风险评价模型,它整合了事例推理法、神经网络等方法。而许志端等人[87]将事例推理和专家系统相结合,提出被称作 DB 模式设计专家系统的基于事例推理的体系结构。此外如文献[56]也是集成了几种方法进行分析。

2.2 与本研究有关的技术方法综述

2.2.1 模糊理论

在客观世界中,因人类认知的局限性,存在着许多不确定的现象。这种不确定性又称作模糊性,是人类在长期的认识客观世界的过程中产生的,它反映了事物在相互联系过程中呈现出来的中间过渡状态,如高与矮之间、大与小之间等,并无定量的规定值,到底多少为高,多少算矮并无定论,因此呈现出模糊性。单从思维上来看,模糊性是主观的,但其所反映的却是客观事物。在人类的感觉、判断、经验起重要作用的领域,存在着大量的模糊性因素[88]。

模糊集理论于 1965 年由美国加州大学控制专家 L. A. Zadeh 开创。对于那些存在模糊性因素的问题,模糊集理论为其开辟了解决的科学途径。此后,以模糊集为基础的模糊数学的迅猛发展,为人类处理那些如上述中无法精确定量的模糊性问题提供了日益强大的工具。

1978 年,模糊变量的概念由 Kaufmann 率先提出[89]。在此基础上,Zadeh[90]提出了可能性测度。但是,因为可能性测度不能满足自对偶性,在实际运用中存在一定的缺陷,无法满足实际需求。基于此,Liu B和 Liu Y[91]于 2002 年提出了可信性测度,它可满足自对偶性。

令 Θ 是一个非空集合,$p(\Theta)$ 是 Θ 的幂集。$p(\Theta)$ 中的每一个元素都被称作为一个事件。为了给出可信性测度的公理性定义,需要给出每个事件 A 一个数值 $Cr\{A\}$ 来表示 A 将要发生的可信性。为了使

$Cr\{A\}$ 具有特定的数学性质,Liu B[92]给出了下列五个公理:

公理 1 $Cr\{\Theta\} = 1$

公理 2 Cr 是一个递增函数,当 $A \subset B$ 时,有 $Cr\{A\} \leqslant Cr\{B\}$

公理 3 Cr 具有自对偶性,即对任意 $A \in p(\Theta)$,有 $Cr\{A\} + Cr\{A^c\} = 1$

公理 4 对任意 $\{A_i\}$,若 $Cr\{A_i\} \leqslant 0.5$,则 $Cr\{\cup_i A_i\} \wedge 0.5 = \sup_i Cr\{A_i\}$

公理 5 令 $\Theta_k (k = 1, 2, \cdots, n)$ 是非空集合,且 $Cr_k (k = 1, 2, \cdots, n)$ 均满足公理 1 ~ 公理 4,

$\Theta = \Theta_1 \times \Theta_2 \times \cdots \times \Theta_n$,则对任意 $(\theta_1, \theta_2, \cdots, \theta_n) \in \Theta$,有

$$Cr\{(\theta_1, \theta_2, \cdots, \theta_n)\} = Cr_1\{\theta_1\} \wedge Cr_2\{\theta_2\} \wedge \cdots \wedge Cr_n\{\theta_n\}$$

定义 1[91] 集合的函数 Cr 如果满足公理 1 ~ 公理 4,则称为可信性测度。

定义 2[93] 设 ξ 是定义在从可信性空间 $(\Theta, p(\Theta), Cr)$ 到实数集的函数,那么称 ξ 是模糊变量。

定义 3[93] 令 ξ 是定义在可信性空间 $(\Theta, p(\Theta), Cr)$ 上的一个模糊变量,那么从它的可信性测度得到的函数 $\mu(x) = (2Cr\{\xi = x\} \wedge 1$, $x \in R$,称为 ξ 的隶属函数。

三角模糊变量由清晰的三个数组成一个三元组 (a, b, c),$(a < b < c)$ 表示(图 2 – 6),其隶属函数为

$$\mu(x) = \begin{cases} \dfrac{x-a}{b-a}, & a \leqslant x \leqslant b \\ \dfrac{x-c}{b-c}, & b \leqslant x \leqslant c \\ 0, & \text{其他} \end{cases}$$

定理 1[91] 令 ξ 是一个模糊变量并假设其隶属度函数为 μ,则对任意实数集合 B,有

$$Cr\{\xi \in B\} = \frac{1}{2}\left(\sup_{x \in B}\mu(x) + 1 - \sup_{x \in B^c}\mu(x)\right) \qquad (2-1)$$

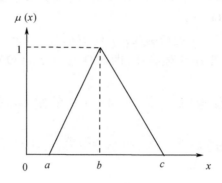

图2-6 三角模糊变量(a,b,c)

由定理1可得,模糊事件$\{\xi \leqslant x\}$,$\{\xi \geqslant x\}$的可信性分别为

$$Cr\{\xi \leqslant x\} = \frac{1}{2}(\sup_{y \leqslant x}\mu(y) + 1 - \sup_{y > x}\mu(y)), \forall x \in R \qquad (2-2)$$

$$Cr\{\xi \geqslant x\} = \frac{1}{2}(\sup_{y \geqslant x}\mu(y) + 1 - \sup_{y < x}\mu(y)), \forall x \in R \qquad (2-3)$$

由上面的定理可得,对于三角模糊变量(a,b,c)来说,

$$Cr\{\xi \leqslant x\} = \begin{cases} 0, & x \leqslant a \\ \dfrac{x-a}{2(b-a)}, & a \leqslant x \leqslant b \\ \dfrac{x-2b+c}{2(c-b)}, & b \leqslant x \leqslant c \\ 1, & x \geqslant c \end{cases} \qquad (2-4)$$

定义4[91] 令ξ是一个模糊变量,那么根据下述表达式来式定义它的期望值:

$$E[\xi] = \int_0^{+\infty} Cr\{\xi \geqslant r\}\,\mathrm{d}r - \int_{-\infty}^0 Cr\{\xi \leqslant r\}\,\mathrm{d}r \qquad (2-5)$$

其中,两个积分中至少有一个是有限的。

按照上面期望值定及三角模糊变量的$Cr\{\xi \leqslant x\}$的表达式,易得出三角模糊变量(a,b,c)的期望值:

$$E[\xi] = \frac{1}{4}(a+2b+c) \qquad (2-6)$$

2.2.2　模糊综合评价

1. 模糊综合评价简介

科技发展越快,人们面临的现实问题就越复杂(即问题的影响因素越多)。因为认知有限性,人们不可能对全部的影响因素都进行考查。而且有些因素被忽略之后,对于事物本质的认识并没有太大的影响。这时人们往往进行模糊识别与判断。

现实中的复杂问题,有很多边界不清、不宜定量的因素。模糊综合评价方法借助模糊数学中的隶属度理论,首先将这些因素的定性评价用某种量化的形式表达出来,再应用模糊关系合成的原理,对所有这些因素给出一个总体的评价。传统方式所难以解决的"模糊性"评判与决策问题,用这种方式得到了很好的解决。该方法可以为决策者提供比较与判别的依据,提高决策的科学性与正确性,是一种行之有效的评价决策方法。它非常适用来解决那些非确定性问题,具有结果清晰、系统性强的特点。

我国学者汪培庄最早提出模糊综合评价方法,将它作为模糊数学的一种具体应用。它主要分为两步:首先单独评判每个因素;然后综合评判所有因素。在处理多因素、多层次的复杂问题时,和别的数学分支及模型相比,模糊综合评价法模型简单,操作者容易掌握,这些优点是其他模型难以代替的。模糊综合评价方法在评判时是逐对进行的,不论评价对象所处集合,对被评判的对象都只有唯一的评价值,不会受到影响。在经济效益和社会效益等许多方面,采用模糊综合评判的实用模型取得了很好效果,应用十分广泛。

2. 模糊综合评价模型与步骤

1）评价因素与评价等级的确定

设被评价对象一共有 m 种因素,记为 $U=\{u_1,u_2,\cdots,u_m\}$(即 m 个评价指标)。

每一个因素所处状态一共有 n 种,记为 $V=\{v_1,v_2,\cdots,v_n\}$(即评价等级)。

这里,m 和 n 分别表示系统内评价因素的个数以及专家评判时评语的个数。这些评价因素可以衡量一个备选对象"水平"的测度。评价等级一般按照实际情况分为三级(优、良、差)或五级(很差、差,一般、好、很好)等。

2)评判矩阵的构造和权重的确定

针对每一个单因素 $u_i(i=1,2,\cdots,m)$,首先做出单因素评判,也即从因素 u_i 出发,专家得出该事务对抉择等级 $v_j(j=1,2,\cdots,n)$ 的隶属度为 r_{ij}。这样第 i 个因素 u_i 的单因素评判集就可以得出:

$$r_i=(r_{i1},r_{i2},\cdots,r_{in})$$

继续同样的操作可以得到一个总的评价矩阵 $\boldsymbol{R}$,是由 m 个因素的评价集构造而成,即针对每一个被评价对象,我们通过矩阵 $\boldsymbol{R}$ 确定了从因素 U 到评语 V 的模糊关系:

$$\boldsymbol{R}=(r_{ij})_{m\times n}=\begin{bmatrix} r_{11} & r_{12} & \cdots & r_{1n} \\ r_{21} & r_{22} & \cdots & r_{2n} \\ \vdots & \vdots & & \vdots \\ r_{m1} & r_{m2} & \cdots & r_{mn} \end{bmatrix},i=1,2,\cdots,m;j=1,2,\cdots,n$$

其中,r_{ij} 表示从因素 u_i 出发进行考虑,该评判对象能被评为 v_j 的隶属程度。具体来讲,r_{ij} 表示第 i 个因素 u_i 在第 j 个评语 v_j 上的频率分布。一般将其归一化使之满足 $\sum r_{ij}=1$。这样,矩阵 $\boldsymbol{R}$ 不需作专门的无量纲处理,本身就是没有量纲的。

得到这样的模糊关系矩阵,并不代表事物的最终评价已经作出。对"评价目标"来说,各个因素在评价过程中地位不同,所起到的作用也不尽相同。因此,在综合评价中,各评价指标所占比重不会完全一样。我们通过以下方式来处理,拟引入 U 上的一个权重或权数分配集 A,是一个模糊子集。$A=(a_1,a_2,\cdots,a_m)$,其中 $a_i \geq 0$,且 $\sum a_i=1$。它通过权重反映对诸因素在重要性方面的一种权衡。

权重作为一个度量值,对评价问题中诸多因素相对重要性的大小进行了度量。所以,赋权数对于评价问题的重要性不言而喻。通常我们见到评价问题中的赋权数,一般多凭主观经验或臆测,带有浓厚主观色彩。在某些情况下,若确定者有丰富的权数赋值经验,且能本着客观公正的态度,在确定权数的过程中尽量客观,并力求反映一定程度的实际情况,那么最终评价的结果对决策者来说参考价值相对较高。但因个人标准不同,且无法避免主观好恶,有时会出现主观判断权数与客观实际严重不符的情况,甚至评价结果与事实相去甚远,从而导致决策者决策失误。因数学方法严格的逻辑性,在某些情况下,可以利用它来确定权数。尽管数学方法也许仍然没有办法完全摒弃主观性,但它可以用滤波和修复处理确定的权数,和仅仅依靠主观来判断权数相比,能尽量避免主观成分,使得和客观事实更接近。

3)进行模糊合成和做出决策

某个被评价事物从某单指标上看是什么水平,对每个等级模糊子集的隶属程度是多少,体现在矩阵 R 中不同行的数据上。将这些不同的行(即该事务在所有指标上的隶属程度)用模糊权向量 A 进行综合,就可以得到模糊综合评价结果向量,该向量即表示从总体上看该被评价事物对各等级模糊子集的隶属程度。

将 V 上的一个模糊子集 B 引入,称模糊评价,又叫决策集。$B = (b_1, b_2, \cdots, b_n)$。

一般通过模糊变换:令 $B = A * R$($*$ 为算子符号)由 R 与 A 求得 B。通常采用的模糊合成运算,也即 B 的求法,最早采用的是突出主因素的查得算子。但在评价因素较多的情况下,由于权重 a_i 都很小而导致主因素不突出,这样得到的评判结果 b_j 与实际情况或有差异,这样的综合评价就没有意义。为了克服这一缺点,人们常常根据问题的实际情况采用其他算子,或将两种类型的算子搭配使用。

2.2.3 数据包络分析

1. 数据包络分析(DEA)简介

1978 年,著名运筹学家 A. Charnes 和 W. W. Cooper 等人以"相对效率"概念为基础,提出了数据包络分析方法。其原理是根据多指标投入和多指标产出对相同类型的决策单元(Decision Making Units, DMU)进行相对有效性或者绩效评价的一种系统分析方法。各决策单元特点是:因各个决策单元具有相同的输入项与输出项,所以被视为是相同的实体。DEA 将评价系统系统输入输出数据运用数学模型进行分析,可以计算出每个 DMU 综合效率大小,并据此确定有效的 DMU,

将各有效的 DMU 定级排序,并指出其他 DMU 的效率值,供主管部门决策使用。

设 DEA 评价系统中一共有 n 个决策单元。其中第 i 个决策单元记为 DMU_i,其输入、输出向量分别为

$$X_i = (x_{i1}, x_{i2}, \cdots, x_{is})^{\mathrm{T}}$$
$$Y_i = (y_{i1}, y_{i2}, \cdots, y_{ip})^{\mathrm{T}}$$

各自对应的权向量分别为

$$v_i = (v_i, v_{i2}, \cdots, v_{is})$$
$$u_i = (u_i, u_{i2}, \cdots, v_{ip})$$

在优化第 i_1 个决策单元 DMU_{i1} 的效率指数时,优化目标是使其效率评价指数最大化,约束为使所有的决策单元的效率指数均不得大于 1。构成以下的分式规划(数据包络分析最原始的规划模型):

$$\max \frac{u^{\mathrm{T}} Y_{i_1}}{v^{\mathrm{T}} X_{i_1}}$$

$$\text{s. t.} \quad \frac{u^{\mathrm{T}} Y_i}{v^{\mathrm{T}} X_i} \leqslant 1 \quad i = 1, 2, \cdots, n$$

$$u_k \geqslant 0, \quad k = 1, 2, \cdots, p$$

$$v_j \geqslant 0, \quad j = 1, 2, \cdots, s \tag{2-7}$$

根据 Charnes – Cooper 变换:

$$\begin{cases} t = \dfrac{1}{v^{\mathrm{T}} X_{i1}} \\ \omega = tv \\ \mu = tu \end{cases} \tag{2-8}$$

将分式规划模型转换为如下的线性规划模型:

$$\max \boldsymbol{\mu}^{\mathrm{T}} Y_{i1}$$

$$\text{s. t.} \quad \boldsymbol{\omega}^{\mathrm{T}} X_i - \boldsymbol{\mu}^{\mathrm{T}} Y_i \geqslant 0, \quad i = 1, 2, \cdots, n$$

$$\boldsymbol{\omega}^{\mathrm{T}} X_{i0} = 1,$$

$$\boldsymbol{\omega} \geqslant 0, \mu \geqslant 0 \tag{2-9}$$

这即是第一个 DEA 模型——C^2R 模型。在实际应用时,只需要将拟评价的 n 个决策单元的输入输出数据代入上述线性规划,并分别解其最优解,就可以得到各个评价单元的效率评价指数。

自 1978 年第一个 DEA 模型建立以来,有关此方面的理论不断深入,1984 年,R. D. Banker 等人从公理化的模式出发,加入了凸性条件,给出了另外一个 DEA 模型——BCC 模型[94]。

2. 数据包络分析优点

C^2R 模型与 BCC 模型是 DEA 的两个最基本模型[95]。这两个模型的产生加深了人们对理论认识的深度,而且为多目标问题的评价开辟了新的有效的途径。如今 DEA 在经济管理中得到大力应用,已经成为现代管理中评价、决策的重要工具。与其他统计方法相比,DEA 具有如下明显优势。

(1) 首先是客观性,DEA 方法的评估是通过数学规划模型来对客观数据进行处理的,在不需要给出投入产出数理函数关系与权重假设的前提下,仅仅利用投入产出的客观数据,就能给出综合的标量值,以此来评价不同决策单元 DMU 的相对有效程度。由于整个过程都是靠数据和数学规划,因此评价者的主观意识能在某种程度上得以避免。与 AHP 等方法相比,更易得到客观的结论。但 DEA 方法的客观并非绝对。虽然评估过程全程通过客观数据及数学规划模型,并无评价者的主观意识,但只要评价者改变评价指标,评价结果即随之改变。因为 DEA 方法各决策者选取的是对自己最有利的指标权重,因此个人主观好恶可以通过评价指标的选取体现出来。

(2) DEA 方法在处理时,因为所有决策单元都是相同的输入与输出,不必进行无量纲化处理,使用方便。评估体系之后,存在多种多样的评估指标。比如对于工程投标决策而言,可能包括投资金额、所需要的技术工人人数、设备投入量、预计工期、预期利润等,这些不同的指标不可能具有完全相同的量纲。其中投资金额的单位是万元、技术工人人数的单位是人,工期的单位是天,其他各指标也有各自不同的量纲。以往的评价方法在正式评价之前,往往需要提前归一化处理这些量纲。而从上述 DEA 方法建模过程可以得知,DEA 方法对指标的单位不需进行考虑,因此无量纲化处理也不需要,从而将评价工作的流程大大进行了简化。

(3) DEA 方法具有较为明确的经济意义。它的数学模型求解值能反映出被评价单元 DMU 的生产活动有效与否,还进一步把这种有效性区分为技术有效性和规模有效性,从而对决策单元的生产状况从规模和技术上全面地评估。

(4) DEA 方法所提供的信息对主管部门决策者来说意义重大。通过评估部门内部各单元,可知各个决策单元的效率。其次也可知决策单元最适合的规模。主管部门的决策中,这些信息都能起到较大的作用。

3. 数据包络分析一般工作过程

DEA 模型是用来解决实际问题的,因为实际问题的复杂性不同,根据实际需要已有不止一个模型被提出。针对每一个具体经济与管理中的问题,DEA 评价方法所选取的模型可能不完全一样。然而,从总体上讲,在 DEA 的应用中,存在着一样的基本的工作原理与步骤。要想将 DEA 方法的优势得以发挥,获得正确的评价结果,需要对这些基本原理与步骤正确理解并熟练掌握。一般来说,我们将 DEA 的工作过程划分为 5 个步骤:

1) 问题描述与系统定义

该步骤是对问题展开 DEA 分析之前所要做的必备工作。它是指在对所研究的实际问题进行有效性评价之前,需要对其进行正确的定量描述和定性描述,并对评价系统进行定义,该项工作主要涵盖以下三个方面:

(1) 明确问题。系统评价的目标需要首先进行确定,围绕着评价目标对评价对象进行详细分析,找出有哪些因素影响目标的实现;其次将决策单元的边界进行界定,明了各因素之间可能的关系(定性的、定量的);再次,为了方便后面顺利选取评价指标体系和评价模型,需要按照性质划分相关因素。比如,一般可以按照变化程度把因素进行划分,具体可分为不可控的、不可变的、可控的、可变的,或按照主次划分为主要的、次要的等。

一般来说,DEA 分析的首要问题是明确评价的目标,这样才能有的放矢。它是下一步进行决策单元的选取、输入输出指标的确定、DEA 模型的选择等步骤的依据。

(2) 选取决策单元,也就是确定参考集。选取决策单元就是根据上述系统评价目标来确定的。一般来说,以下几个基本特征在决策单元的选取时应加以考虑:目标和任务是否相同;外部环境是否相同;投入、产出指标是否一致。另外出于最终评价结果的客观性,应该选取具有一定代表性的决策单元。

（3）系统评价指标体系的确立。在对评价单元的相对有效性进行DEA 评价时,我们主要依赖于各参考单元的输入输出评价指标数据。因而,如何选择评价指标对于 DEA 分析来说至关重要。一般在实践操作中,系统的输出指标指各决策单元的"效用型"指标(如资金产值率、利税率等),而一般把"成本型"指标当做是输入指标(如对环境的影响破坏、流动资金单位平均余额、劳动力等)。系统如果选取不同的评价指标,则会出现迥异的有效性评价结果。

具体的操作中,必须遵循一系列的基本原则来选取评价指标体系。如一致性、真实性、可操作性、针对性和精简性等。为了避免由于忽视了某一指标的约束性而影响其他指标的意义,我们需要注意不同指标之间的相互配合以及相互关系。

2）评价模型的选择

在选取 DEA 评价模型时,我们不能忽视实际问题的背景和评价目标。出于数据处理的需要,投入和产出指标是否具有处理的可能、指标间的相对重要性、决策者有何偏好、决策单元生产可能集有哪些形式等因素都需要研判。

3）数据资料的收集和整理

在进行 DEA 评价时,需要输入大量的评价指标数据。因模型是建立在这些数据之上,其正确性在很大的程度上决定了对决策单元的评价结果。所以,在收集和整理数据资料时,其方法是否得当,将在很大程度上影响到 DEA 评价结果的正确与否。整理与输入完数据资料后,就具备了通过数学规划进行计算所需的参数值的基本条件,同时也完成了对系统评价指标间相互关系的定性分析资料的收集。

4）DEA 规划模型的求解

DEA 规划模型一般是线性规划的形式,或者是可转化为线性规划的形式,所以,可以用如单纯形法等求解线性规划的一般方法来求解,也可借助如 LINGO 等常用的商业线性规划软件来计算。此外,研究者已开发出来了各种专门的 DEA 评价模型软件,通过上述方法求解模型获得各决策单元的评价结果。

5）结果分析与辅助决策

根据以上模型的计算结果,可以对各决策单元的 DEA 是否有效进行判断。若无效,我们可通过结果分析,找出相应的原因以及是否有改进措施,或进行规模收益分析、单元排序分析等其他更进一步的行为分析。综合上述结论,形成评价报告和建议,对上级管理人员可起到辅助决策的目的。

在实际操作中,不可能一蹴而就地得到一个比较可靠的结果,一般都需要根据实际问题背景,针对相关细节与上层决策人员和有关专家反复商讨和更改,经过多次反复上述步骤,才可能获得。

以上过程可以用图 2 - 7 简单地表示。

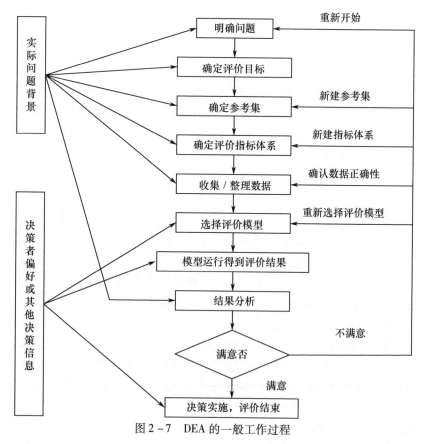

图 2 - 7　DEA 的一般工作过程

2.3 本章小结

本章主要对相关理论观点进行了回顾与综述,通过了解和掌握前人的研究成果,认识到这些研究成果对本课题研究的重要意义,以这些理论为指导,完成本课题的研究。

本章先是总结了目前国内外工程投标决策的相关研究成果,并将其进行了分类。从这些文献综述中可以看出当前的研究趋势,如情景设定更符合实际情况,研究方法不再单一,而是倾向于各种方法集成,以扬长避短等;最后,对后文即将用到的技术方法进行了简要介绍,从而为下文研究的展开奠定了理论基础。

第三章 工程投标决策指标体系设计

站在承包商的角度,必然希望拟投资项目能够达到投资最小化、技术水平要求低、建设周期短、回报高。但是,考虑到业主对建设项目的质量要求、时间要求、资金要求、项目的声誉等,事实上具有上述特点的建设项目在现实中是不存在的。承包商在工程项目投标决策中,需要依赖一系列指标的评价,以确保投标决策的正确性,尽可能达到自己的目标。

目前,研究投标项目评价指标的论文有如汗牛充栋。但不同研究者或者不同类别的项目,其所涉及的风险指标均不尽相同[96]。所以,至今还没有一个被大家广泛接受的投标项目评价标准体系。本章期望通过对国内外相关文献的查阅,对关键文献的详细阅读与梳理,找到那些普遍的、最为关键的指标,从中归纳出我国工程投标决策风险指标体系,使决策者更为明了到底哪些因素能够对实际的工程投标决策产生影响,此外,指标体系的建立也为本研究的后续决策研究做了基础性铺垫。

3.1 工程投标决策指标体系设计原则

在工程投标决策风险指标体系的设计过程中,有以下几方面大的原则需要遵守[80,97-101]:

(1)全面性。指标体系的内容应该全面地反映影响工程投标决策的各项因素,包括自身实力、业主情况等主观条件,又要在客观方面对项目复杂性、自然条件等加以考虑,同时经济、社会、环境、安全等方面也需要兼顾。总之,所有能够影响工程投标决策的因素,原则上都应该考虑在内。在建立指标体系的过程中,因为因素较多,除了对全面性的考虑,还应该特别注意决策的总目标、分目标、决策的准则、所选取的指标之间的整体性、独立性以及相关关系,使所有的指标放在一起,是一个不可分割的整体。但是单独拿出一个,又具有相对独立存在的意义。这样才有利于对工程投标决策做出正确的判断。

（2）客观性。即真实性,是指投标决策指标体系的建立应该以客观的实际情况为依据,如实反映影响投标决策的各项要素,保证信息真实可靠。

（3）科学性。既然是要建立工程投标决策的"指标体系",要自动形成"体系",必然要求各个指标间能够做到有机配合。同时,在进行下列步骤时必须以公认的严格的科学理论(一般包括统计理论、管理与决策科学理论等)为基准,做到有据可依:指标的选取、指标权重的确定、数据的选择,以及如何将这些数据进行计算与合成。以提高指标体系建立的科学性。

（4）公正性。建立的工程投标决策指标体系,要与客观事实高度符合,指标体系与计算方法务必公正,不能对任何一方有偏袒。

（5）层次性。指标选取时,应尽可能照顾到工程投标决策的不同层次、不同方面,以求工程投标的全面的、具体的情况能通过这些评价指标得到多方位体现。所选取的指标应有充分的信息综合能力。

（6）可操作性。所设的工程投标决策指标体系,虽然出于全方位评价和层次性的考虑,但对于资料是否可以获得、评价过程是否具有可操作性等方面都要顾及,力求使指标设置能同时兼顾科学完整与简便易行。因为工程投标决策的指标体系,最终是要被决策者使用,要为投标决策服务,如果脱离实际,没有操作性,即使再完美,一切也将沦为空谈。

3.2 工程投标决策指标初步选取

3.2.1 文献检索过程中的描述

尽管研究工程项目投标决策的文献很多,但工程项目中需要考虑哪些风险因素目前并无定论。不同学者对此考虑的也不尽相同。20世纪80年代以来,许多学者对此进行了研究。Frieman 模型只考虑了单一的风险因素,即竞争对手的报价水平,Ahmad 和 Minkarch 在 1987 年所做的研究表明影响报价的风险因素为 31 个[102],随后在 1988 年又结合工程项目报价的特点,对这些影响报价因素中的关键因素进行了探寻[103]。1992 年 Odusote 和 Fellows 所做的一项研究,归纳出了包括业主支付能力、项目类型、与承包商的关系等 42 个影响报价的风险因素[104]。Dozzi 及 Abourizk 在利用效用函数确定报价时则认为风险因素为 21 个,且在应用中把它们分成环境因素、公司因素、项目因素三类[105]。杨兰蓉[77]也把关键因素分为三类:环境因素、企业自身因素和项目因素,其中环境因素进一步被分为经济因素、地理因素、经验因素等,这三类关键因素再进行进一步细分得到 18 个因素。Dikmen I 等人[79]通过广泛调查研究,确定了国际工程投标报价的 44 个因素,这些因素被分为四类,包括一般性因素(关于公司和项目)(13 个)、风险因素(23 个)、机会因素(6 个)、竞争性因素(2 个)。夏清东[106]考虑了管理条件、技术人员条件、工期及交工条件等 10 个指标。张朝勇[67]借鉴了各专家的研究成果,再结合我国当前建设市场现状,提出投标报价应考虑的风险因素包括 26 个,它们分为 5 个方面:业主所在地社会情况、项目情况、竞争对手的情况、业主的情况和承包商自身情况。

除了专门研究如何建立工程投标决策指标体系的文献,还有很多投标决策的文献,尤其是报价决策方面。它们因为自身研究所需,也都有各自的工程投标决策指标体系。

这些文献虽然各自的指标体系不相同,但基本上囊括了工程投标决策的主要方面。

本次文献检索中文主题设为"投标决策""投标报价",英文检索主题为"bid""bidding"。因中英文相关的文献数量都相当巨大,因此在文献检索之后,经过具体考察比较,在其中有投标决策典型指标的文章中选取了有代表性的 76 篇(其中中文 51 篇,英文 25 篇)进行详细分析,以期从中得到本研究所需的指标体系。

检索的中文文献来源为 2000—2011 年间"中国期刊网数据库 CNKI"中的相关文献,包括硕博论文和电子期刊,然后根据实际需要从中选择了文章中有评价指标的较具有代表性的 51 篇;英文文献来源于 ASCE 数据库中发表的相关文献及其所引文献、Elsevier Science 期刊全文数据库中现有的相关文献及其所引文献、EBSCD 数据库中所发表的相关文献及其所引文献,再根据本研究实际需要从中选取了具有代表性的 25 篇。

这些文献各自的指标并不相同,为了从中筛选出评价指标供本研究所用,我们还需要开展以下工作:

(1)确定指标的细化程度。由于文献众多,各个文献根据自身研究的需要,在指标的详细程度上并不一样。偏向宏观决策方面的文献,给出的指标较为宏观,只给出了如竞争对手状况、项目自身条件、业主情况等投标决策的一级评价指标;而偏向工程投标微观决策方面的文献,有的给出了如竞争对手个数、社会治安、施工现场条件、资金实力等二级甚至三级评价指标。因为标准不统一,我们在筛选评价指标时操作上有一定难度。出于便易性考虑,我们首先需要对评价指标(或影响因素)统计的细化程度进行确定。鉴于一级评价指标和二级评价指标在文献中出现的次数较多,也具有实际的可操作性,因此本研究统计即以此为标准。对于采用比较宏观指标(指只给出一级指标)的文献,我们将其进行细化,细化的依据是原论文或参考其他相关文献中相似条目的文意;而对于采取三级指标或更细微指标的文献,我们仅根据研究实际选取所需级别的指标。

(2)统一评价指标(或称“影响因素”)的名称。确定了细化程度之后,将上述选取的文献中的指标进行初步的摘录与统计。统计过程中发现,同一个指标,不同的文献表达方式或者命名不甚相同。如有的文献中资金方面要求的指标定义为“资金力量”,另外文献则称作为“资金情况”或“资金实力”,还有的命名为“财务状况”等。为了不造成指标统计的混乱、重复,在统计的过程中,我们需要根据上下文,将这些意思相同或相近的指标名称进行统一。

3.2.2 工程投标决策指标检索结果

我们从所检索到的大量文献中,精心选择了具有代表性的含有指标体系的 76 篇(其中包含 51 篇中文文献,25 篇英文文献)用来筛选本文研究所需的工程投标决策指标体系。经过对这些文献的分析与统计,得出了大量的指标。在这里仅给出按照被引用的篇次降序排列处理的排在前 28 位的评价指标。虽然单篇指标不一定完善，但统计之后，这 28 个指标基本涵盖了工程投标决策所要考虑的各个方面。结果见表 3 - 1。

需要说明的是，因为不同研究文献的目的各不相同，因此侧重的评价指标也有不同。同时，即使本着相同的研究目的，不同的研究人员在主观上势必有所偏好，会采用千差万别的评价指标。用来筛选的 76 篇文献在研究视角、研究内容的性质方面均有不同，因此表 3 - 1 所列的评价指标显得较为混杂，而且上述 28 个指标也并未囊括所有因素（有极个别因素提到的文献极少，或可以归并到上述表格中某一项之内，如有的文献中指标为"劳动力及工具材料可获得性"，此处我们认为这一项与"项目所在地经济因素"相关性很大，故进行了合并。其余类似）。它们的目的是让我们能够更为直观地理解目前相关研究中工程投标决策需要考虑哪些主要的评价指标。

表 3 - 1　构成投标决策指标汇总及排序

排序	工程投标决策评价指标	评价指标引用篇次
1	本公司技术水平	55
2	竞争对手数目	53
3	竞争对手实力	52
4	业主信誉	50
5	自身管理实力	48
6	类似工程经验（指承包商自身）	40
7	项目所在地政治因素	40
8	项目所在地自然环境因素	38
9	工程复杂性	38
10	自身资金实力	35
11	预期利润	35
12	竞争对手策略	35
13	工期要求	35
14	项目所在地经济因素	30
15	业主资金力量	30

排序	工程投标决策评价指标	评价指标引用篇次
16	获得后续项目机会	28
17	业主管理能力	23
18	现场条件	20
19	质量要求	18
20	项目所在地治安	15
21	与业主的关系	10
22	合同条款	8
23	当前工作量	8
24	投资金额	8
25	业主有无授标意向	5
26	投标目的	5
27	市场需求	5
28	项目规模	3

3.3　工程投标决策指标体系

表 3-1 的 28 个指标里面,本公司技术水平、自身管理实力、类似工程经验(指承包商自身)、与业主的关系、当前工作量、投标目的(即第 1、5、6、10、21、23、26 项),可归纳为"承包商自身情况";竞争对手数目、竞争对手实力、竞争对手策略(第 2、3、12 项)可归纳为"竞争对手情况";业主信誉、业主资金力量、业主管理能力、业主有无授标意向(第 4、15、17、25)可归纳为"业主情况";项目所在地政治因素、项目所在地自然环境因素、项目所在地经济因素、现场条件、项目所在地治安(第 7、8、14、18、20 项)可归纳为"项目所在地综合情况";工程复杂性、预期利润、工期要求、获得后续项目机会、质量要求、合同条款、投资金额、市场需求、项目规模(第 9、11、13、16、19、22、24、27、28 项)可归纳为"项目自身情况"。从中可以看出,投标决策所要考虑的因素,主要来自项目自身情况与承包商自身情况。这也是符合实际情况的。

综上所述,本研究建立了如图 3-1 所示的工程投标决策指标体系。

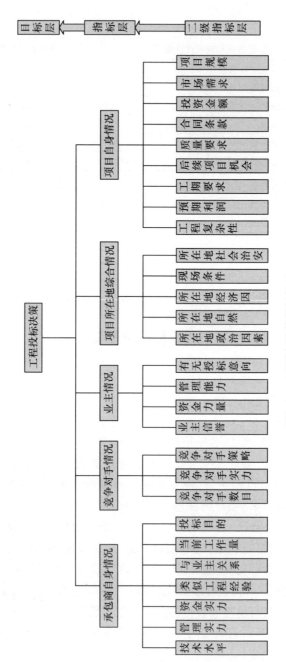

图3-1 工程投标决策指标体系

50

3.4 本章小结

本章首先对工程投标决策指标体系设计的原则进行了论述。在此基础上,通过检索大量的文献以及之后的整理、统计,得到了工程投标决策指标和影响因素。

其次,本章在得出工程投标决策所应该关注的影响因素之后,通过分析,将这些指标归纳为工程投标决策的五类主要因子:①承包商自身情况;②竞争对手情况;③业主情况;④项目所在地综合情况;⑤项目自身情况。从而得出工程投标决策的指标体系。从而为下文评价与决策的展开奠定了基础。

第四章 基于模糊风险评估的 Bid/No – Bid 决策方法

4.1 引　言

作为建筑企业经营决策的重要组成部分,投标决策对建筑企业投标的全过程有着指导作用。但工程项目的投标决策过程,充满了各种不确定性。对于承包商来说,投标决策是一个多风险因素综合评价的问题。主观方面要考虑自身实力、业主情况等,客观方面要兼顾项目复杂性、自然条件等,同时经济、社会、环境、安全等各种因素也应在考虑范围之内。如何做到准确、及时地处理投标决策问题,提高施工单位承揽工程项目的数量和机会,使施工企业在市场竞争中立于不败之地,是建筑企业所面临的共同课题。

Bid/No – Bid 决策是指对每一个拟投标项目做包括上述各方面的信息搜集与分析,运用某些特定的决策工具计算或判断项目"投"或者"不投"。对于建设工程投标决策来说,这既是首要任务,也是其他投标决策产生的前提。

在 Bid/No – Bid 决策的研究方面,一种简单的、早期应用比较广泛的方法是决策树分析法。决策树分析法,是一种简单易于操作的适用于风险型决策分析的方法。它将决策者的决策经过用一种树状图表示出来,然后计算事件出现的概率及损益期望,通过对损益期望值大小的比较,对决策者在行动方案中如何做出正确的选择有较大帮助[107]。顾伟红[108]探讨了铁路施工企业投标决策时决策树分析法的应用,对于铁路工程承包企业降低投标成本,提高中标率,科学投标决策具有重要指导意义。另有相关文献[109,110]。

张蕾[111]做了定性的研究,具体分析了影响该决策的关键指标,认为总承包工程投标机会决策的影响指标为竞争因素、风险因素、工程需求程度、投标地位四个方面。Ahmad[112]首先通过问卷调查确定了影响投标决策的关键性因素,考虑了四类因素以及 13 个子因素,运用两两比较法得出每个子因素的权重,再进行标准化,然后采用运用效用价值理论,计算出拟投标项目的效用值,根据效用值大小来决定是否投标。文献[113]采用模糊逻辑理论进行了探索,由专家对影响 Bid/No – Bid 决策的指标进行模糊评价;文献[114]通过基于事例推理的方法来确定 Bid/No – Bid 问题;Mohammed[115]也是通过问卷调查,得出影响 Bid/No – Bid 决策的关键指标,然后建立了基于人工神经网络的 Bid/No – Bid 决策模型。李海凌等人[116]对工程项目投标决策尝试了风险矩阵的方法,对 ESC 原始风险矩阵做了量化改进,使之能够综合评价拟投标项目的整体风险,从而决策者可以根据这个整体风险值的大小确定是否参与投标。同时该方法还可以找出拟投标项目的关键风险,为中标后制定风险应对方案提供数据基础。文献[117]建立了基于知识系统(Knowledge – Based System)的软件对实际工程投标 Bid/No – Bid 决策进行模拟,且准确率达到 86%。孟明星[118]在现有研究成果的基础上,提出在进行投标机会决策时要针对项目的既有特征合理选择投标决策指标,并以此为基础建立了投标机会决策的模糊综合评价模型,通过一个案例,凸显了其在投标决策实践中的应用前景。

工程投标风险评估方面,有些学者进行了研究并取得了一定成果。如文献[67]针对在多因素指标的综合评价问题上,建立相互独立的指标比较困难和人们的主观评价往往存在非线性等特点,在模糊测度的基础上,将工程项目投标风险值用 Choquet 模糊积分计算出来,建立了工程投标多风险因素综合决策算法。根据积分值对多个项目进行投标风险评估排序。文献[82]采用 D – S 证据理论为基础,建立了拟投标项目的风险评估模型。文献[119]利用 AHP 法以及 ABC 分类法原理,提出了投标决策风险评估简洁实用的方法。尚梅[120]借鉴证券投资中广为应用的多元化风险管理理论,结合我国建筑业企业的特点,探讨了在建筑市场上应用多元化管理理论是否可行。李顺国等人[121]用粗糙集理论和方法构建了投标风险决策表,约简相关属性则采用的是粗糙集方式,然后采用支持向量机对决策数据进行风险分类,帮助决策者迅速对工程项目的投标风险进行评估和预测,从而提高了投标风险决策的精度以及决策的科学性。

以上诸多方法,均各自存在着应用中的优点和某些缺陷。如决策树法对竞争对手的情况这一重要因素不加考虑,只根据己方情况决定是否参加某个方案的投标,其优点是使决策问题形象化,能将决策过程中的每一个不同阶段清晰直观地显示出来,便于决策者比较各种可能出现的状态、可能性大小以及产生的结果,从而选取最优决策。其缺点在于投标价格以及中标概率是提前给定的,但到底该如何给定并未明确。其他各方法情况类似。

而且,这些方法,大多需要较多的历史数据。比如决策树法要想预测较为准确,需要对概率、损益值确定非常精确。而这要求必须对大量的资料进行整编。我国目前建筑企业信息化程度较低,有时很难找到较长且充分的历史数据以供分析。模糊数学为这一问题提供了较好的解决方式,适合处理主观价值判断的评价问题[122]。可以在较少历史数据的基础上,由专家给出相应指标的模糊分布,实践中容易操作。因此,本章的目的是根据我国建筑市场的现状,提出一个基于模糊理论的工程投标风险评估模型,给承包商对工程投标的 Bid/No – Bid 决策提供参考。

4.2　工程 Bid/No – Bid 决策风险指标体系

工程投标风险因素的识别已有很多文献进行了讨论,本书第三章也已经进行了详细论述,并得出了工程投标决策指标体系,此处不再赘述。本章的重点是提出基于模糊理论的工程投标风险评估模型,考虑到可操作性,为简化模型及减少计算量,本章只考虑第一层级的 5 个风险因素:①承包商自身情况;②竞争对手情况;③业主情况;④项目所在地综合情况;⑤项目自身情况。工程投标决策风险指标体系如图 4 – 1 所示。

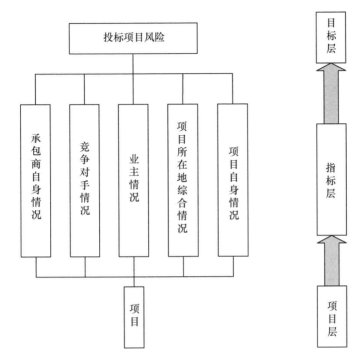

图 4 – 1   工程投标决策风险指标体系

4.3   基于风险评估的工程投标决策方法

针对工程是否投标的决策问题时历史数据不充分、许多因素无法精确定量的情况,结合模糊理论,本章提出了基于模糊风险评估的工程投标 Bid/No – Bid 决策算法。其步骤如下。

(1)风险识别。即工程投标决策需要考虑哪些风险指标,详细论述见第三章。本章所采用的风险指标体系见 4.2 节及图 4 – 1。

(2)定义语义变量。风险评估中常用也是较为简单的一种方法是将风险发生的概率与风险发生后影响后果的严重程度相乘得到风险当量。这里采用 Ngai[123] 提出的模糊评价方法,将风险发生的概率定义为"可能性"(likelihood)=(非常不可能、不可能、一般、可能、非常可能)五个量级,将影响后果的程度定义为"严重性"(severity)=(很低、低、一般、严重、非常严重)五个量级,各自对应的隶属函数见表4-1。

表4-1　语义项的定义及其对应的隶属函数

可能性	严重性	隶属函数
非常不可能	很低	$(0,0,0.25)$
不可能	低	$(0,0.25,0.5$
一般	一般	$(0.25,0.5,0.75)$
可能	严重	$(0.5,0.75,1)$
非常可能	非常严重	$(0.75,1,1)$

(3)让多个专家按照上述语义分别对项目打分,综合各位专家的意见。因各专家主观意见不同,甚至差异很大,这里采用模糊平均算子(fuzzy average operation)[124]平衡不同的专家给出的判断,用以增强评价结果的客观性。

模糊平均算子具体操作如下:假设有 n 个评分专家,$A_i = (a_1^i, a_M^i, a_2^i)$ 是第 i 个专家的评估值,$i = 1,2,\cdots,n$,则可以得到风险评估的均值为

$$A_{av} = \frac{A_1 + \cdots + A_n}{n} = \left(\frac{1}{n}\sum_{i=1}^{n} a_1^i, \frac{1}{n}\sum_{i=1}^{n} a_M^i, \frac{1}{n}\sum_{i=1}^{n} a_2^i \right)$$

(4)计算总体风险。对各个风险因素的可能性及影响后果的严重性进行评估之后,我们需要对拟投标项目的总体风险进行计算。在风险分析和决策理论中,模糊加权平均(Fuzzy Weighted Average,FWA)是运用较为广泛的算法,其形式为[125]

$$R = \sum_{i=1}^{m} (L_i \times S_i) \bigg/ \sum_{i=1}^{m} L_i$$

其中:L_i 表示风险因素 i 发生的可能性,S_i 代表风险因素 i 一旦发生,其影响后果的严重性,L_i 与 S_i 均为模糊变量;m 为风险因素的个数,R 为加权平均后的总体风险。但模糊数的乘法计算非常复杂,操作上具有一定难度。学者 Dong Hoon Lee 与 Daihee Park[126]提出了一种改进的模糊加权平均算法用来计算两个模糊数的乘积,为了减少计算的复杂性,本书采用此改进的模糊加权平均算法。

(5)上述步骤(4)计算出来的总体风险,仍然是模糊变量。利用式(2-6)模糊变量的期望值,求得拟投标项目的风险值 $E(R)$。

（6）将步骤(5)中拟投标项目的风险值 $E(R)$ 与之前确定的风险值 R_0 进行对比,若 $E(R) > R_0$,则认为拟投标项目风险太大,不宜投标;反之则建议投标。若承包商面对多个项目,可将其风险值 $E(R)$ 进行比较大小,以供承包商作为选择投标的依据。

4.4　数值算例

某承包商拟对 A、B 两个项目进行是否投标的决策。因为很多指标无法获得充足的历史数据,或无法量化,经过充分考虑,承包商决定根据上述基于风险评估的工程投标决策模型来进行研究。

首先,承包商在本企业内选取了 2 位投标经验非常丰富的专家组成了风险评估小组。专家分别对 A、B 两个项目的 5 个风险因素进行了评估,见表 4 - 2 和表 4 - 3。

表 4 - 2　项目 A 风险评估

风险因素	专家 1		专家 2	
	可能性	严重性	可能性	严重性
风险因素 1	(0,0.25,0.5)	(0.5,0.75,1)	(0.25,0.5,0.75)	(0.5,0.75,1)
风险因素 2	(0.25,0.5,0.75)	(0.75,1,1)	(0.5,0.75,1)	(0.5,0.75,1)
风险因素 3	(0.5,0.75,1)	(0,0.25,0.5)	(0.25,0.5,0.75)	(0.25,0.5,0.75)
风险因素 4	(0.5,0.75,1)	(0.5,0.75,1)	(0.5,0.75,1)	(0,0.25,0.5)
风险因素 5	(0,0.25,0.5)	(0.25,0.5,0.75)	(0,0.25,0.5)	(0,0,0.25)

表 4 - 3　项目 B 风险评估

风险因素	专家 1		专家 2	
	可能性	严重性	可能性	严重性
风险因素 1	(0.25,0.5,0.75)	(0,0.25,0.5)	(0.25,0.5,0.75)	(0.25,0.5,0.75)
风险因素 2	(0.5,0.75,1)	(0.25,0.5,0.75)	(0.5,0.75,1)	(0.5,0.75,1)
风险因素 3	(0,0.25,0.5)	(0.25,0.5,0.75)	(0,0.25,0.5,)	(0,0.25,0.5)
风险因素 4	(0.25,0.5,0.75)	(0.5,0.75,1)	(0.25,0.5,0.75)	(0.5,0.75,1)
风险因素 5	(0.5,0.75,1)	(0,0.25,0.5)	(0.25,0.5,0.75)	(0,0,0.25)

先来计算项目 A。利用模糊平均算子,风险因素 1 的可能性以及

严重性的模糊均值为

$$\left(\frac{0+0.25}{2},\frac{0.25+0.5}{2},\frac{0.5+0.75}{2}\right)=(0.125,0.375,0.625)$$

$$\left(\frac{0.5+0.5}{2},\frac{0.75+0.75}{2},\frac{1+1}{2}\right)=(0.5,0.75,1)$$

同理得到其他风险因素的模糊均值见表4－4。

表4－4　项目A各风险因素的模糊均值

风险因素	可能性的模糊均值	严重性的模糊均值
风险因素1	(0.125,0.375,0.625)	(0.5,0.75,1)
风险因素2	(0.375,0.625,0.875)	(0.625,0.875,1)
风险因素3	(0.375,0.625,0.875)	(0.125,0.375,0.625)
风险因素4	(0.5,0.75,1)	(0.25,0.5,0.75)
风险因素5	(0,0.25,0.5)	(0.125,0.25,0.5)

而后再采用 Dong Hoon Lee 与 Daihee Park[126] 提出的改进模糊加权平均算法,可得到项目A总体风险当量的隶属函数为:$R_A = (0.25,0.5083,0.8882)$(具体计算过程参见本章最后附录部分)。

表4－5　项目B各风险因素的模糊均值

风险因素	可能性的模糊均值	严重性的模糊均值
风险因素1	(0.25,0.5,0.75)	(0.125,0.375,0.625)
风险因素2	(0.5,0.75,1)	(0.375,0.625,0.875)
风险因素3	(0,0.25,0.5)	(0.125,0.375,0.625)
风险因素4	(0.25,0.5,0.75)	(0.5,0.75,1)
风险因素5	(0.375,0.625,0.875)	(0,0.125,0.375)

同样的方法求得项目 B 的总体风险当量的隶属函数为:$R_B = (0.163,0.4583,0.7092)$。

根据第二章关于三角模糊变量期望值的计算公式(2－6),可得项目A、B总体风险当量的期望值为

$$E(R_A)=\frac{1}{4}(0.25+0.5083\times2+0.8882)=0.5387$$

$$E(R_B)=\frac{1}{4}(0.163+0.4583\times2+0.7092)=0.4472$$

根据公司往年经验,拟投标工程项目的风险值不能大于0.5,否则即使中标,公司利益也难以得到保证,即 $R_0 = 0.5$。显然,$E(R_A) > 0.5$,$E(R_B) < 0.5$,故决策结果为:项目 A 不予投标,项目 B 投标。

若此例中项目 A 的风险值也小于0.5,即两个项目按照此基于风险评估的工程投标决策方法计算出来都可以投标,但公司基于经济等因素只能选择一个,则应选择两个项目中风险值较小的那个进行投标。

4.5　本　章　小　结

本章首先对国内外在工程投标 Bid/No – Bid 决策方面的研究做了概述,简要的指出了当前研究工程投标 Bid/No – Bid 决策方面的一些方向。

之后对国内外在建筑工程投标决策风险评估方面的研究做了较为详细的综述,并简要分析了国内建筑市场信息不全、搜集历史数据困难等原因及模糊理论的适用性。

然后根据第三章已经建立的工程投标决策指标体系,结合模糊数学相关理论,提出了一种基于风险评估的工程投标决策方法,来进行工程投标 Bid/No – Bid 决策,并给出了详细步骤。最后,通过一个数值算例,验证了该方法的可行性。

附　录

工程项目的风险当量具体计算过程如下:按照文献[126]的改进模糊加权平均算法,首先令 $\alpha = 0$,做严重性 S_i 的模糊均值的 α 水平截集,并按照区间的首端点从小到大进行排序,依次为:$[a_1 = 0.125, b_1 = 0.5]$,$[a_2 = 0.125, b_2 = 0.625]$,$[a_3 = 0.25, b_3 = 0.75]$,$[a_4 = 0.5, b_4 = 1]$,$[a_5 = 0.625, b_5 = 0.5]$。

相应的可能性 L_i 在 $\alpha = 0$ 时的水平截集为:$[c_1 = 0, d_1 = 0.5]$,$[c_2 = 0.375, d_2 = 0.875]$,$[c_3 = 0.5, d_3 = 1]$,$[c_4 = 0.125, d_4 = 0.625]$,$[c_5 = 0.375, d_5 = 0.875]$。

步骤 1:$(a_1, a_2, a_3, a_4, a_5) = (0.125, 0.125, 0.25, 0.5, 0.625)$, first：$=1$，last：$=5$

步骤 2：$\delta - threshold$：$= (1 + 5)/2 = 3$

$$S = (d_1, d_2, d_3, c_4, c_5) = (0.5, 0.875, 1, 0.125, 0.375)$$

$$\delta_{S_3} = \frac{\begin{array}{l}(0.125 - 0.25) \times 0.5 + (0.125 - 0.25) \times 0.875 + \\ 0 + (0.5 - 0.25) \times 0.125 + (0.625 - 0.25) \times 0.375\end{array}}{0.5 + 0.875 + 1 + 0.125 + 0.375}$$

$$= 0$$

$$\delta_{S_4} = \frac{\begin{array}{l}(0.125 - 0.5) \times 0.5 + (0.125 - 0.5) \times \\ 0.875 + (0.25 - 0.5) \times 1 + 0 + (0.625 - 0.5) \times 0.375\end{array}}{0.5 + 0.875 + 1 + 0.125 + 0.375}$$

$$< 0$$

步骤 3：first：$=1$，last：$=3$

$$\delta - threshold：= (1 + 3)/2 = 2$$

$$S = (d_1, d_2, c_3, c_4, c_5) = (0.5, 0.875, 0.5, 0.125, 0.375)$$

$$\delta_{S_2} = \frac{\begin{array}{l}(0.125 - 0.125) \times 0.5 + 0 + (0.25 - 0.125) \times \\ 0.5 + (0.5 - 0.125) \times 0.125 + (0.625 - 0.125) \times 0.375\end{array}}{0.5 + 0.875 + 0.5 + 0.125 + 0.375}$$

$$= 0.125 > 0$$

$$\delta_{S_3} = \frac{\begin{array}{l}(0.125 - 0.25) \times 0.5 + (0.125 - 0.25) \times \\ 0.875 + 0 + (0.5 - 0.25) \times 0.125 + (0.625 - 0.25) \times 0.375\end{array}}{0.5 + 0.875 + 0.5 + 0.125 + 0.375}$$

$$= 0$$

因 $\delta_{S_2} > 0$，$\delta_{S_3} \leqslant 0$，故左端点 $L = a_2 + \delta_{S_2} = 0.125 + 0.125 = 0.25$

步骤 4：$(b_1, b_2, b_3, b_4, b_5) = (0.5, 0.625, 0.75, 1, 1)$，first：$=1$，last：$=5$

步骤 5：$\zeta - threshold$：$= (1 + 5)/2 = 3$

$$S = (c_1, c_2, c_3, d_4, d_5) = (0, 0.375, 0.5, 0.625, 0.875)$$

$$\delta_{\zeta_3} = \frac{\begin{array}{l}(0.5 - 0.75) \times 0 + (0.625 - 0.75) \times \\ 0.375 + 0 + (1 - 0.75) \times 0.625 + (1 - 0.75) \times 0.875\end{array}}{0 + 0.375 + 0.5 + 0.625 + 0.875}$$

$$= 0.1382 > 0$$

$$\delta_{\zeta_4} = \frac{(0.5-1) \times 0 + (0.625-1) \times 0.375 + (0.75-1) \times 0.5 + 0 + 0}{0 + 0.375 + 0.5 + 0.625 + 0.875}$$

$$< 0$$

因 $\zeta_{S_3} > 0, \zeta_{S_4} \leqslant 0$，故右端点 $U = b_3 + \zeta_{S_3} = 0.75 + 0.1382 = 0.8882$

相应地，令 $\alpha = 1$，做严重性 S_i 的模糊均值的 α 水平截集，再重复上述步骤，得到的区间为 $[0.5083, 0.5083]$。

综上所述，可得到项目 A 总体风险当量的隶属函数为 $R_A = (0.25, 0.5083, 0.8882)$。

项目 B 的总体风险当量的隶属函数用同样的方法可以得出。

第五章　基于交叉评价与模糊理论的
工程项目选择方法

5.1　引　言

当前的国内外建筑市场,机遇与挑战并存:一方面,随着社会经济发展需要,各种建筑工程数量不断增多、规模不断加大;另一方面,越来越多的劳动力与资本涌入建筑行业,这使得建筑市场的竞争不断加剧的同时,要求必然越来越高。这在国内市场表现得更为明显:一方面是经济发展所需的大量建筑工程数量,如高铁、高速公路、地铁、城市地标性建筑等;另一方面建筑业因为进入门槛低,建筑企业数量众多,竞争又很激烈。因此,如何在激烈的建筑市场中生存与发展是广大施工企业面临的巨大问题。工程项目投标决策无疑对于企业的生存与发展是至关重要的一环。

在浩瀚的建筑市场上,面对错综复杂、不断变化的市场条件,如何充分衡量本公司的资金与技术实力、专业范围等,以科学合理的方法选择适合自己公司发展的、可行的、有优势的项目进行投标决策,是每个承包商都要面临的问题,且是其他各项工作开展的基础和关键。任何一个企业的资源都不可能用之不尽,对他们来说,参加所有项目的投标活动既不可能也没有必要。如果承包商面对市场上多个项目不加选择的进行投标,将会导致公司的管理混乱以及资源的浪费,甚至危及公司生存。即使公司资金、人力等充分,投标项目也必须进行选择。把承揽重点放在投资规模大、建设周期长、经济效益高、有滚动发展前景、能突出展现企业自身优势的工程项目上,才能日益提高企业的竞争力。因为,众所周知,对于公司发展而言,分散承包几个小型项目和集中优势力量承包一个大的、合适的项目所带来的优势是不同的。

在投标项目选择阶段,承包商对招标项目的介入还不深,在此项目上花费的人力物力尚不多,如果能够及早地审时度势,选择合适的项目进行投标,既可以避免人力物力的浪费(在其他不合适项目上的浪费),又可以为日后的各项工作打下良好的基础,积累相关类型项目经验,为后续项目获得优先机会;反之,选择了不合适的项目进行投标,即使能够中标,日后的施工、管理和效益也会有诸多隐患。

优选项目是企业提高中标率和加大中标项目效益的保证[127]。在竞争如此激烈的建筑市场,投标项目选择的正确与否,关系到施工企业的信誉、发展前景、企业长期战略目标的实现。因此,施工单位的决策者必须充分认识到投标项目选择决策的重要意义,在进行项目选择时奉行一系列策略。然而,当前多数施工企业在项目选择工作中都存在或多或少的问题,或由行政领导自行决定,或是重点不突出,不知如何选择。

投标项目选择方面的研究,近年来多采用 AHP[48,49,51,53] 与 FCA[67,68]。也有个别其他方法,如 ANP[85],D–S 证据理论[80],基于熵权的项目选择方法[128]等,这些建模方法的应用相当活跃,并各自取得了一定的进展,但均存在一定的不足之处。如 AHP 法虽然计算简单实用,决策过程一目了然,但期望效用矩阵计算复杂,而且两两比较法确定目标之间的相对权重时主观性较大;FCA 虽然操作简单,但过分依赖专家,难以排除人为因素带来的偏差。ANP 中在确定各个因素的相对重要性时所用的方法等与 AHP 相同,所以也无法避免 AHP 的弊端;D–S 证据理论虽然在实际中得到广泛的吹捧,但应用中人们发现其自身也有不足和缺点,特别是在高冲突证据组合的时候会导致合成的结果违背直觉[129];其他现行的方法也各有利弊。

鉴于施工企业投标项目选择对于企业生存发展的重要性以及我国在这方面的重视程度不够,针对以上研究存在的问题,本章从施工企业投标项目选择决策时所面临的实际情况出发,结合工程投标决策指标体系,提出 DEA 交叉评价和模糊理论相结合的工程投标项目选择决策方法。通过 DEA 交叉评价来减少模糊综合评价中专家评价以及权重的误差,并给出详细步骤。最后结合一个算例,验证了模型的可靠性和可行性,为承包商进行工程项目投标决策提供了一种新方法。

5.2 DEA 交叉评价方法回顾与分析

DEA 是由著名运筹学家 A. Charnes 和 W. W. Cooper 等在"相对效率"概念基础上发展起来的一种效率评价方法。自 1978 年第一个 DEA 模型建立以来,很多领域的专家学者逐渐认识到 DEA 在运筹建模方面的优秀表现,有关理论与模型不断深入,DEA 已经成为现代管理中评价、决策的重要工具。

DEA 方法基于边际效益理论和线性规划理论,通过界定决策单元是否位于生产前沿面来比较各个决策单元之间的相对效率并显示各自的最优值[130]。其突出的优点包括:不用提前对输入、输出指标进行无量纲化处理;权重不是由人为确定而是通过线性规划的求解得到;输入与输出之间不用满足某种函数关系等。这些优点,使得 DEA 的应用领域不断扩大。

DEA 评价系统中共有 n 个决策单元,记第 i 个决策单元为 DMU_i,$(i=1,2,\cdots,n)$。其输入、输出向量分别为

$$X_i = (x_{i1}, x_{i2}, \cdots, x_{is})^{\mathrm{T}}$$

$$Y_i = (y_{i1}, y_{i2}, \cdots, y_{ip})^{\mathrm{T}}$$

各自对应的权向量分别为

$$v_i = (v_i, v_{i2}, \cdots, v_{is})$$

$$u_i = (u_i, u_{i2}, \cdots, v_{ip})$$

在优化第 i_1 个决策单元 DMU_{i1} 的效率指数时,是以其效率评价指数最大化为优化目标,以所有的决策单元的效率指数为约束,构成以下的分式规划问题(C^2R 模型):

$$\max \frac{u Y_{i_1}}{v X_{i_1}}$$

$$\text{s. t.} \quad \frac{u Y_i}{v X_i} \leqslant 1 \quad i = 1, 2, \cdots, n$$

$$u_k \geqslant 0, \quad k = 1, 2, \cdots, p$$

$$v_j \geqslant 0, \quad j = 1, 2, \cdots, s \qquad (5-1)$$

式(5-1)可以理解为,每个决策单元在评价时,都选择使其自身效率值最佳的权重,求解得出的是决策单元可能效率的最大值。优势在于客观性,效率经由数据与数学规划求得,不需要任何偏好信息。但也存在显而易见的局限性,即用此方法进行评价时,可能有效的决策单元并不只有一个。而且每个决策单元在评价自身时的原则都是使自己的利益最大化,因此各个决策单元之间因评比标准不同,不具备可比性,故不能客观全面反映决策单元效率的优劣。

为了解决这个问题,Sexton 等人[131]在 1986 年引入了交叉效率的概念。所谓交叉效率评价,就是通过求解 n 个线性规划得到 n 组最优权重,从而对每个决策单元的效率值评价 n 次。交叉评价基本思想是对被评价决策单元在所有决策单元(包括自身)的最优权重下的效率值进行平均,将其作为评价或决策的基准,较好地弥补了传统 DEA 模型的缺陷。

定义 1　称 $E_{i_0 i_1} = u_{i_1}^* Y_{i_0} / v_{i_1}^* X_{i_0}$ 为 DMU_{i_1} 对于 DMU_{i_0} 的交叉效率。其中,$\boldsymbol{u}_{i_1}^* = (u_{i_1 1}^*, u_{i_1 2}^*, \cdots, u_{i_1 p}^*)$,$\boldsymbol{v}_{i_1}^* = (v_{i_1 1}^*, v_{i_1 2}^*, \cdots, v_{i_1 s}^*)$ 是规划方程 (5-1)的最优解。

$E_{i_0 i_1}$ 表示当采用决策对象 DMU_{i_1} 的最有利权重时,DMU_{i_0} 的相对效率。即 DMU_{i_1} 对 DMU_{i_0} 的效率评价值(用决策单元 DMU_{i_1} 的最优化权重)。$E_{i_0 i_0}$ 是决策单元 DMU_{i_0} 的自我评价值,也就是普通 DEA 评价效率(此时采取的是对它最有利的权重)。

定义 2　称所有决策单元对于 DMU_{i_0} 交叉效率的平均值为 DMU_{i_0} 的平均交叉效率,记为

$$E_{i_0}^{\text{cross}} = \frac{1}{n} \sum_{i=1}^{n} E_{i_0 i} \qquad (5-2)$$

$E_{i_0}^{\text{cross}}$ 是所有决策单元对于 DMU_{i_0} 的效率评价值的均值。显然,$E_{i_0}^{\text{cross}}$ 的值越大,就表明 DMU_{i_0} 的相对效率越大。由 $E_{i_0}^{\text{cross}}$ 表达式及计算过程可以看出,平均交叉效率一方面有普通 DEA 的"自评"(即决策单元 DMU_{i_0} 站在自己的角度评价自己,最大化其效率值),同时也有其他决策单元的"互评"(其他的 $n-1$ 个决策单元分别站在自己的角度来评价决策单元 DMU_{i_0}),很好地弥补了传统 DEA 夸大自身长处、回避缺

陷、不能客观全面反映生产效率优劣的缺点,更进一步地体现了竞争的公平性。

由参考文献[131]可知,利用 DEA 交叉评价方法对系统进行评价的步骤如下:

(1) 计算各决策单元的交叉效率。

(2) 计算各决策单元的平均交叉效率。

交叉评价的优点在于集合了相互评价的过程,使得最终的评价结果处在同一个标准之下,具有可比性,同时多方位评价,也提高了结果的可靠性。但该方法也存在一个问题。特殊情况下,可能使得决策单元 DMU_{i_1} 的评价值最优的权重并不只有一个,也即由方程组(5-1)解出来的最优权重不唯一,从而导致计算出来的交叉效率值也不唯一。关于此问题,有学者提出了自己的处理方式[132]。考虑到计算评价对象 DMU_{i_1} 对于评价对象 DMU_{i_0} ($i_0 \neq i_1$)的交叉效率值时,评价对象 DMU_{i_0} 处于被动地位,因此对于此问题,本书参考文献[133]的处理方法,当最优权重 $u_{i_1}^* = (u_{i_11}^*, u_{i_12}^*, \cdots, u_{i_1p}^*)$, $v_{i_1}^* = (v_{i_11}^*, v_{i_12}^*, \cdots, v_{i_1s}^*)$ 不唯一时,令

$$E_{i_0i} = \min \frac{u_{i_1}^* Y_{i_0}}{v_{i_1}^* X_{i_0}} \qquad (5-3)$$

即此时的交叉效率为所有权重情况下的最小值。

5.3 基于交叉评价与模糊理论的工程项目选择方法

本书提出的基于交叉评价和模糊理论的工程项目投标决策方法,其基本思想是用 DEA 交叉评价来平衡模糊综合评价时各个专家的评价及权重的主观性,努力使评价结果更客观、贴合实际,为工程项目投标决策提供更为可靠、有效的参考。

具体步骤如下:

(1) 建立投标决策指标体系。工程投标决策到底该考虑哪些指标,有许多文献进行了研究。第三章也已做了一些归纳并得到了投标决策指标体系(图 3-1),此处不再赘述。同第四章,考虑到可操作性

及简化模型计算,工程项目投标决策指标体系只考虑第一层级的指标,即由①承包商自身情况;②竞争对手情况;③业主情况;④项目所在地综合情况;⑤项目自身情况5个指标组成。即评价指标集合 $B = \{B_1, B_2, B_3, B_4, B_5\}$ = {承包商自身情况,竞争对手情况,业主情况,项目所在地综合情况,项目自身情况}。具体指标体系如第四章图 4-1 所示。

(2)确定评价等级。若划分过细,可操作性差;若过分粗糙,有不利于评价的精准性。考虑到工程项目的实际情况,本章将评价等级划分为5级,即很差、差、一般、好、很好。评价等级集合 $C = \{C_1, C_2, C_3, C_4, C_5\}$ = {很差,差,一般,好,很好}。

(3)专家评判。针对项目 $A_i(i = 1, 2, \cdots, n)$ 的每一个指标 $B_j(j = 1, 2, \cdots, 5)$,由专家根据项目的具体状况,给出模糊综合评价的等级 $C_k(k = 1, 2, \cdots, 5)$,综合各个专家的评判结果,得到评价指标 B_j 的隶属度矩阵。

(4)按照上节所述 DEA 交叉评价步骤,对评价指标 $B_j(j = 1, 2, \cdots, 5)$ 的各决策单元进行交叉评价。得到各个项目 $A_i(i = 1, 2, \cdots, n)$ 在评价指标 B_j 时的平均交叉效率 E_{ij}^{cross}。

由于承包商想选择是各方面情况都比较好的项目进行投标,因此,在评价等级集合 $C = \{C_1, C_2, C_3, C_4, C_5\}$ = {很差,差,一般,好,很好} 中选取很差(C_1)、差(C_2)、一般(C_3)作为 DEA 系统的输入,选取好(C_4)和很好(C_5)作为 DEA 系统的输出。各个拟投标项目 $A_i(i = 1, 2, \cdots, n)$ 作为 DEA 交叉评价的决策单元。

(5)如上所述,承包商想选择的是各方面情况都比较好的项目,不希望拟选择项目在任何一个评价指标方面存在明显劣势。故此处参考运筹学中可靠性问题处理方式,采用所有评价指标的交叉效率值相乘,取其积作为最后的综合评价结果。对于项目 $A_i(i = 1, 2, \cdots, n)$,将其在各评价指标 $B_j(j = 1, 2, \cdots, 5)$ 下的平均交叉效率值相乘,得到该项目的综合评价结果 H_i,即 $H_i = \prod_{j=1}^{5} E_{ij}^{\mathrm{cross}} (i = 1, 2, \cdots, n)$。承包商根据此所有项目的综合评价结果在所有拟投标项目中进行项目选择决策。

5.4 应用案例

某承包商经初步筛选后确定了四个项目 $A = \{A_1, A_2, A_3, A_4\}$,考虑到资金等方面原因,只能选择其中之一。经过充分考虑,承包商决定根据上述基于交叉评价和模糊理论的工程项目投标决策方法来进行投标决策。

首先,承包商在本企业内选取了 6 位投标经验非常丰富的专家组成了评价小组。这六位专家分别对四个项目的五个决策指标进行了模糊评价,见表 5-1。

表 5-1　各项决策指标的综合评判结果

项目	承包商自身情况					竞争对手情况					业主情况					项目所在地综合情况					项目自身情况				
	很差	差	一般	好	很好	很差	差	一般	好	很好	很好	很差	差	一般	好	很好	很差	差	一般	好	很差	差	一般	好	很好
1	0	0	2	3	1	1	1	1	2	1	2	1	1	1	1	1	2	1	1	0	1	1	3	1	
2	1	1	2	2	0	0	2	2	2	0	0	1	2	1	2	1	1	2	2	0	0	1	1	3	1
3	1	1	3	1	0	0	1	2	2	0	1	3	1	1	1	1	2	1	0	1	1	1	3	1	
4	0	1	1	2	2	1	1	2	1	1	1	0	4	0	1	1	2	2	0	1	1	1	3	1	

按照 5.3 节基于交叉评价和模糊理论的工程项目选择方法来计算各个拟投标工程项目的评价结果。针对决策指标 B_1:承包商自身情况,由表 5-1 的数据可得出其隶属度矩阵:

$$R_1 = \begin{bmatrix} 0 & 0 & 0.333 & 0.5 & 0.167 \\ 0.167 & 0.167 & 0.333 & 0.333 & 0 \\ 0.167 & 0.167 & 0.5 & 0.166 & 0 \\ 0 & 0.167 & 0.167 & 0.333 & 0.333 \end{bmatrix}$$

按照 DEA 交叉评价步骤,计算可得出项目 A_1、A_2、A_3、A_4 在决策指标 B_1 上的平均交叉效率值分别为:$E_{11}^{\text{cross}} = 0.813$,$E_{21}^{\text{cross}} = 0.429$,$E_{31}^{\text{cross}} = 0.15$,$E_{41}^{\text{cross}} = 1$。

同样方法可得计算可得出项目 A_1、A_2、A_3、A_4 在决策指标 B_2 上的平

均交叉效率值 $E_{12}^{\text{cross}} = 0.875$，$E_{22}^{\text{cross}} = 0.377$，$E_{32}^{\text{cross}} = 1$，$E_{42}^{\text{cross}} = 0.439$；项目 A_1、A_2、A_3、A_4 在决策指标 B_3 上的平均交叉效率值 $E_{13}^{\text{cross}} = 0.5$，$E_{23}^{\text{cross}} = 1$，$E_{33}^{\text{cross}} = 0.393$，$E_{43}^{\text{cross}} = 0.5$；项目 A_1、A_2、A_3、A_4 在决策指标 B_4 上的平均交叉效率值 $E_{14}^{\text{cross}} = 0.5$，$E_{24}^{\text{cross}} = 0.5$，$E_{34}^{\text{cross}} = 0.75$，$E_{44}^{\text{cross}} = 1$；项目 A_1、A_2、A_3、A_4 在决策指标 B_5 上的平均交叉效率值 $E_{15}^{\text{cross}} = 1$，$E_{25}^{\text{cross}} = 1$，$E_{35}^{\text{cross}} = 1$，$E_{45}^{\text{cross}} = 1$。

最后，根据 5.3 节步骤(5)可求得各拟投标项目 $A_i(i=1,2,3,4)$ 的综合评价结果：

$$H_1 = \prod_{j=1}^{5} E_{1j}^{\text{cross}} = 0.813 \times 0.875 \times 0.5 \times 0.5 \times 1 = 0.178$$

$$H_2 = \prod_{j=1}^{5} E_{2j}^{\text{cross}} = 0.429 \times 0.377 \times 1 \times 0.5 \times 1 = 0.080$$

$$H_3 = \prod_{j=1}^{5} E_{3j}^{\text{cross}} = 0.15 \times 1 \times 0.393 \times 0.75 \times 1 = 0.044$$

$$H_4 = \prod_{j=1}^{5} E_{4j}^{\text{cross}} = 1 \times 1 \times 0.439 \times 0.5 \times 1 \times 1 = 0.220$$

显然 $H_4 > H_1 > H_2 > H_3$，建议选择综合评价结果最好的项目 A_4 进行投标为最佳决策。

5.5 本 章 小 结

本章先阐述了工程项目选择对于承包商的重要作用，并较为详细地对国内外近年来在此方面的研究做了综述与分析，阐述了各种研究方法的利弊。其次回顾了 DEA 交叉评价方法，并根据后文所需定义了相关概念。然后提出了一种基于交叉评价与模糊理论的工程项目选择方法。

交叉评价是基于"自评"和"互评"相结合，将专家的综合评判结果用交叉评价进行处理，一方面较好地实现了模糊指标的定量化，另一方面也有效地弥补了模糊综合评价中各专家的主观性。为不确定环境下的工程项目选择建模提供了新的视角。最后通过一个应用案例，论证了模型的可行性。

第六章 基于模糊隶属度的投标决策模型

6.1 引　言

对于承包商来说,投标决策是一个充满了各种不确定性的多属性决策问题。主观条件方面包括自身资金和技术实力、业主情况等,客观方面则有项目复杂性、项目工期、自然条件等,同时经济、社会、环境、安全等各种因素也应被考虑在内。由于工程项目的复杂性和不确定性以及人们认知水平的有限性,在工程投标决策的这些指标里,既有客观数据(如项目工期、投资金额、项目所需工人及技术员人数、所需机械台时数、预期利润、竞争对手个数等),又有无法量化的主观因素(如项目所在地自然与社会环境、竞争对手的实力、业主信誉等),因此,在对工程投标项目进行选择时,要承包商一下子做出精准的综合评判,是非常困难的。

综合评判是指对以多属性体系结构描述的对象系统做出全局性、整体性的评价。DEA 是综合评价中相对比较成熟且应用较为广泛的评价方法。DEA 方法基于边际效益理论和线性规划理论,以"相对效率"为基础,在客观数据处理方面具有明显优势,仅仅需要知道输入输出数据,即可根据数学规划得出评价单元的效率效率值。与其他的决策方法相比,只需要知道决策单元的输入输出,且这些数据之间无需满足某种函数关系或相关关系,从而简化了计算;评价结果与指标的量纲无关,因此也不需要提前对数据进行无量纲的归一化处理;为决策者提供更加丰富的决策信息,不仅给出决策单元 *DMU* 的评价结果,而且给出改进路径。基于 DEA 的诸多优点,DEA 评价方法作为一种分析工具,已经成为管理科学、系统工程与决策、评价技术等领域发挥重要作用,受到许多学者的青睐。

尽管 DEA 方法具有上述许多优点,然而与其他方法一样,该方法也存在一定的不足之处。特别是对无客观数据可循的定性指标，DEA 处理就显得无能为力。而 FCA 在处理此类具有不确定性特征的问题上则具有无可比拟的优势。如可以由经验丰富的专家采取打分等方式，对评价体系中非量化的主观指标进行模糊变换，得出综合评价向量，从而将模糊性加以定量化，使得这些不确定的指标可以用传统的数学方法来进行分析与处理。

从数据包络分析与模糊综合评价各自的优劣势出发，在面临客观数据与主观因素并存的多属性决策时，有学者提出了将 DEA、FCA 结合起来的综合评价方法。文献[134,135]建立了基于模糊数变换的 DEA 模型来进行综合评价，解决了以往模型要求输出指标之间必须满足一定的严格条件的局限性；文献[136]利用多目标规划，建立了模糊 DEA 模型(FMP)，最优值用取截集的方法求得，处理含有模糊性数据的决策单元的有效性问题；此方面的研究还有文献[137 – 139]。

上述这些方法本质上仅仅是将模糊数学引入到数据包络分析中，是基于模糊数学的数据包络分析，使数据包络分析模型原来的实数改换为模糊数，严格意义上此种属于"模糊 DEA"，这个过程中并不能显示出模糊综合评价的优势。为充分利用模糊综合评价的易操作性，将数据包络分析和模糊综合评价两者更好地结合，许多学者做了进一步的研究。文献[140]提出了一种将数据包络分析和模糊理论相结合的投资项目评价方法，实现模糊指标的定量化，且在模型中通过 DEA 分析结果考虑了投资项目的弱点以及无效的原因；文献[141]针对工程方案设计的主观性问题，探讨了模糊综合评价与数据包络分析在工程方案设计选择中的应用；值得注意的是文献[142]，把数据包络分析的评价结果通过特定方式进行模糊化处理，然后作为模糊综合评价的评价指标进行二次评价，建立了更具客观说服力的模型。

上述模型都采用普通的 DEA 方法进行建模。但 DEA 是针对每一个决策单元，建立对其最为有利的数学规划模型，属于"自评"，其最优解等于决策单元可能相对效率的最大值。用它来比较决策单元时，因"自评"往往夸大长处、回避缺陷，不够客观和全面，容易产生伪有效单元，即表面上 DEA 有效，但在互评中却处于不利地位。鉴于这些存在的问题，近年来有不少学者开始研究交叉评价[131]（一种针对传统 DEA

模型的缺陷进行适当改进和完善之后的模型)在多属性决策中的应用,并取得了较好的成果。如吴念蔚等人[143]结合城市物流能力的特点,从城市物流能力的内涵分析入手,构建出物流能力评价指标体系,引入 DEA 交叉评价机制,综合评价了柳州市各县区物流能力;王洁方等人[144]借鉴交叉评价思想,首先建立了评价对象以"自身优势最大化"为一致目标时给予交叉评价的多属性决策模型,然后用竞争视野优化准则对模型进行了修正,以体现评价对象在决策过程中的"发言权"和"能动性",保证了决策的公正性;文献[145]通过对工程监理评标系统的描述,根据改进的 DEA 交叉评价方法建立了工程监理评标模型,对投标监理公司进行综合评价与排序,从而为业主选择出最有效率的监理单位;文献[146]借助 DEA 交叉评价法对我国 2006 年五大运输系统的投入产出效率进行了排序,从而得出对我国运输产业投入产出效率的横向评价,为相关部门合理评估产业发展和制定产业发展战略提供了参考。此方面的研究还包括文献[133、147 – 154]。这些研究比起普通 DEA 建模来说,因为有决策单元之间的"互评",显得更为客观和有效,也更容易得到决策者的认同。

6.2 建 模 思 路

以往的模糊综合评价方法,多采用专家打分或由专家直接给出模糊分布等方式,即由专家将不确定性在形式上转化为模糊分布来加以量化,过分依赖专家,具有很高的主观性。而现有的 DEA 和 FCA 结合的评价方法又大多未能充分利用模糊综合评价的简单、易操作性。本质上只是基于模糊数学的数据包络分析方法,且普通 DEA 方法模型的最优解是决策单元可能相对效率的最大值,不够客观全面。

这里提出的基于隶属度的模糊综合评价方法,其基本思想是利用交叉评价的结果来代替专家打分,作为模糊综合决策时的指标来进行评价。在以下两点做了改进:

(1)借鉴 DEA 交叉评价的思想,采用交叉评价进行建模,有效避免了普通 DEA 方法夸大长处、回避缺陷的问题,更客观全面地反映了现实系统。

（2）将 DEA 交叉评价的平均交叉效率值进行模糊化来代替专家打分，作为模糊综合评价的评价指标进行二次评价，避免了对专家的过分依赖。且真正将交叉评价和 FCA 方法结合在一起，使交叉评价的客观准确性很好地弥补了模糊综合评价的主观不足性，两者进行了优势互补。

由于客观事物的复杂性及不确定性，实际评价中，往往既有客观数据，又有主观数据。采用基于隶属度的模糊综合评价方法时，首先将所有指标因素分为量化指标与非量化指标两类。对于量化指标，计算各决策单元的平均交叉效率值，再将其进行模糊化处理（具体模糊化处理方法见 6.4 节）。对于非量化指标，直接采用 FCA 方法计算。最后再将模糊处理后的量化指标和计算后的非量化指标进行综合评价。

6.3　决策指标体系

工程投标决策指标的识别已有很多文献进行了讨论，第三章也已经进行了详细论述，并得出了工程投标决策指标体系。本章的重点是提出基于隶属度的模糊综合评价投标决策模型。因该模型中 DEA 交叉评价必须有量化数据的处理，而模糊综合评价则是对非量化指标的处理，考虑到可操作性及实际情况，本章将第一层级指标中①承包商自身情况，⑤项目自身情况作为可量化指标；为简化模型及减少计算量，①承包商自身情况的第二层级指标中只选取"技术水平"这一项，但"技术水平"这一项并无具体数据。为达到可量化的目的，"技术水平"换为同样意义的"技术工人可到位人数"来表示；⑤项目自身情况中选取"投资金额"和"预期利润"这两个分指标。非量化指标为②竞争对手情况；③业主情况；④项目所在地综合情况，不再继续分层。即工程投标决策指标体系如图 6-1 所示。

需要说明的是，本书的重点只是为了说明基于隶属度的模糊综合评价投标决策模型应用步骤及方法，而且还兼顾到模型简化及计算量，所以对第三章工程投标决策指标体系做了少许修改，以使其更贴合模型所需。实际问题中该如何辨识与确定决策单元各个因素间可能的定性、定量关系，如何选取评价指标体系，决策者可根据问题本身为依据

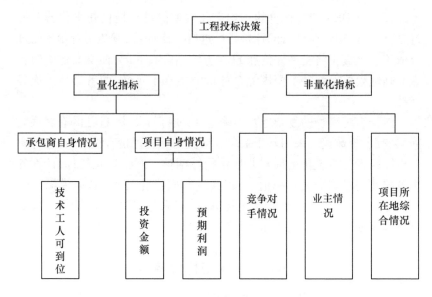

图 6 - 1　基于交叉评价的模糊综合评价投标决策指标体系

酌情取舍。

6.4　基于隶属度的模糊综合评价方法

本文提出的基于隶属度的模糊综合评价方法,其基本思想是利用交叉评价的结果,作为模糊综合决策时的指标来进行评价。基本步骤如下:

(1)把评价系统内所有指标因素分为量化指标及非量化指标。

(2)按照 5.2 节 DEA 交叉评价的步骤,计算量化指标中各决策单元的平均交叉效率 $E_{i_0}^{\text{cross}}$。

(3)将量化指标的平均交叉效率值进行模糊化处理。

平均交叉效率公平地反映了各个评价单元的效率,显然用此来代替专家打分更具说服力。但其为单一数值,首先主观上不具备"优、良、差"这样的感性认识,其次客观上也没有模糊综合评价所需要的隶属度。在此,参考文献[142]中的处理方式,假设模糊综合评价的评语集为 $V=(v_0,v_1,\cdots,v_{p-1})$,则平均交叉效率的值就可以理解为分别对

$(v_0, v_1, \cdots, v_{p-1})$的隶属程度。采用图 6-2 所示的等腰三角隶属函数来对其进行模糊处理。

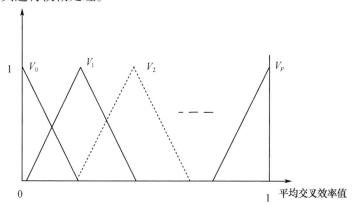

图 6-2　模糊评价的隶属函数

设隶属度函数为 $r = (r_0, r_1, \cdots, r_{p-1})$，则

$$r_0 = \begin{cases} \dfrac{\dfrac{1}{p-1} - x}{\dfrac{1}{p-1}}, & 0 \leqslant x < \dfrac{1}{p-1} \\ \\ 0, & \text{其他} \end{cases}$$

$$r_j = \begin{cases} \dfrac{x - \dfrac{j-1}{p-1}}{\dfrac{1}{p-1}}, & \dfrac{j-1}{p-1} \leqslant x < \dfrac{j}{p-1} \\ \\ \dfrac{\dfrac{j+1}{p-1} - x}{\dfrac{1}{p-1}}, & \dfrac{j}{p-1} \leqslant x < \dfrac{j+1}{p-1}, \\ \\ 0, & \text{其他} \end{cases} \quad j = 1, 2, \cdots, p-2$$

$$r_{p-1} = \begin{cases} \dfrac{x - \dfrac{p-2}{p-1}}{\dfrac{1}{p-1}}, & \dfrac{p-2}{p-1} \leqslant x < 1 \\ \\ 0, & \text{其他} \end{cases}$$

（4）计算非量化指标。

运用模糊综合评价法来计算非量化指标。将评语集 V 划分为 v_0，$v_1,\cdots,v_{p-1}$ 这样 p 个等级。设有 $c_1,c_2,\cdots,c_q$ 个评价因素，其综合评价矩阵为 $\boldsymbol{R}_j = \begin{bmatrix} r_{j10} & r_{j11} & \cdots & r_{j1(p-1)} \\ r_{j20} & r_{j21} & \cdots & r_{j2(p-1)} \\ \cdots & \cdots & & \cdots \\ r_{jq0} & r_{jq1} & \cdots & r_{jq(p-1)} \end{bmatrix}$ $(j=1,2,\cdots,n)$，权重矩阵 $\boldsymbol{A}_j = (a_{j1}$，$a_{j2},\cdots,a_{jq})$ $(j=1,2,\cdots,n)$，则

$$\boldsymbol{B}_j = \boldsymbol{A}_j \times \boldsymbol{R}_j = (a_{j1},a_{j2},\cdots,a_{jq}) \begin{bmatrix} r_{j10} & r_{j11} & \cdots & r_{j1(p-1)} \\ r_{j20} & r_{j21} & \cdots & r_{j2(p-1)} \\ \cdots & \cdots & & \cdots \\ r_{jq0} & r_{jq1} & \cdots & r_{jq(p-1)} \end{bmatrix} = (b_{j1},b_{j2},\cdots,$$

$b_{jp})$ 为第 j 个评价单元的分指标中，非量化因素经过模糊综合评价后所得结果。

（5）将模糊处理后的量化指标和步骤（4）中计算后的非量化指标进行综合评价。

设 B_{i1} 为模糊处理后的量化指标，B_{i2} 为经过模糊综合评价后的非量化指标。则总指标的综合评价矩阵为 $\boldsymbol{R}_i = \begin{bmatrix} B_{i1} \\ B_{i2} \end{bmatrix}$ $(i=1,2,\cdots,n)$。设量化指标和非量化指标的权重向量 $\boldsymbol{A}_i = (a_{i1},a_{i2})$ $(i=1,2,\cdots,n)$。则

$$\boldsymbol{B} = \boldsymbol{A} \times \boldsymbol{R} = (a_{i1},a_{i2}) \times \begin{pmatrix} B_{i1} \\ B_{i2} \end{pmatrix} = (b_{i1},b_{i2},\cdots,b_{ip}) \quad (i=1,2,\cdots,n)。$$

（6）根据最大隶属度原则，选择模糊综合评价集 $B_i = (b_{i1},b_{i2},\cdots,b_{ip})$ 中最大值 b_{ij} 所对应 $(v_0,v_1,\cdots,v_{p-1})$ 的 v_j 作为最终的评判结果。

6.5 应 用 算 例

某承包商进过初步筛选，确定在以下 8 个工程项目中进行投标选择。如前文所述，初步将评价指标分为量化和非量化指标两部分，量化指标为承包商自身情况（表格内简称为"承包商"）、项目自身情况（表

76

格内简称为"项目情况");其中承包商自身情况以"技术工人可到位人数"(表格内简称为"人数")表示,项目自身情况以投资金额和预期利润来代表。业主情况、项目所在地综合情况(以"所在地情况"作为简称)、竞争对手情况这三项属非量化指标。具体指标及相应数据见表 6-1(数据来源于文献[142])。

表 6-1　各项目统计数据

权重	量化指标 0.6			非量化指标 0.4		
一级指标	承包商	项目情况		业主情况	所在地情况	竞争对手情况
二级指标	人数	投资金额	预期利润	0.4	0.4	0.2
项目 1	27	1570	430	(0.4,0.3,0.3)	(0.3,0.5,0.2)	(0.3,0.4,0.3)
项目 2	119	5248	1945	(0.4,0.5,0.1)	(0.4,0.4,0.2)	(0.3,0.5,0.2)
项目 3	40	580	361	(0.6,0.3,0.1)	(0.5,0.3,0.2)	(0.4,0.4,0.2)
项目 4	81	4232	290	(0.4,0.3,0.3)	(0.3,0.4,0.3)	(0.3,0.5,0.2)
项目 5	31	3161	177.97	(0.6,0.4,0.0)	(0.5,0.4,0.1)	(0.4,0.5,0.1)
项目 6	18	381	51	(0.4,0.6,0.0)	(0.3,0.5,0.2)	(0.3,0.5,0.2)
项目 7	60	180	40.8963	(0.5,0.3,0.2)	(0.3,0.4,0.3)	(0.3,0.3,0.4)
项目 8	69	2052	1788.23	(0.4,0.5,0.1)	(0.4,0.4,0.2)	(0.3,0.4,0.3)

运用基于交叉评价的模糊综合评价方法进行分析。量化指标中,经分析可知,技术工人可到位人数、投资金额属于 DEA 系统的输入,预期利润属于系统的输出。首先求得各决策对象的量化指标的平均交叉效率值为:$e_1^{\text{cross}} = 0.496$,$e_2^{\text{cross}} = 0.553$,$e_3^{\text{cross}} = 0.485$,$e_4^{\text{cross}} = 0.116$,$e_5^{\text{cross}} = 0.163$,$e_6^{\text{cross}} = 0.126$,$e_7^{\text{cross}} = 0.114$,$e_8^{\text{cross}} = 1$。

其次按照 6.4 节的步骤(3)对平均交叉效率值进行模糊化处理。评价集为 $V =$(优,良,差),可以得到表 6-2 所示平均交叉效率值模糊化隶属度。

表 6-2 量化指标处理结果

项目	量化指标			
	平均交叉效率值	模糊化隶属度(B_{i1})		
		优	良	差
项目 1	0.496	0	0.992	0.008
项目 2	0.553	0.106	0.894	0
项目 3	0.485	0	0.97	0.03
项目 4	0.116	0	0.232	0.768
项目 5	0.163	0	0.326	0.674
项目 6	0.126	0	0.253	0.748
项目 7	0.114	0	0.228	0.772
项目 8	1	1	0	0

对业主情况、项目所在地综合情况、竞争对手情况按照步骤(4)非量化指标处理过程进行计算。权重向量为(0.4,0.4,0.2),综合评价矩阵如表 6-1 右半边部分所列(以项目 1 为例,业主情况评价结果为(0.4,0.3,0.3),是指分别对优、良、差的隶属程度为 0.4,0.4,0.2,与模糊三角函数不同。其余相同)。计算结果见表 6-3。

表 6-3 非量化指标处理结果

项目	非量化指标		
	模糊化隶属度(B_{i2})		
	优	良	差
项目 1	0.340	0.400	0.260
项目 2	0.380	0.460	0.160
项目 3	0.520	0.320	0.160
项目 4	0.340	0.380	0.280
项目 5	0.520	0.420	0.060
项目 6	0.340	0.0540	0.120
项目 7	0.380	0.340	0.280
项目 8	0.380	0.440	0.180

综合量化指标与非量化指标进行总体评价,由 $B = A \times R = (a_{i1},$

$a_{i2}) \times \begin{pmatrix} B_{i1} \\ B_{i2} \end{pmatrix}$（其中$(a_{i1}, a_{i2}) = (0.6, 0.4)$，$B_{i1}$、$B_{i2}$如表6-2、表6-3所列），计算得到最终综合总评结果，见表6-4。根据最大隶属度原则，选择模糊集综合评价集$B = (b_1, b_2, b_3)$中最大值b_i所对应的等级"优，良，差"作为最终的评价结果。

表6-4　最终综合总评结果

项目	综合评价矩阵($R_i = [B_{i1}, B_{i2}]^T$)						最终评价结果隶属度(B_i)			评价结果
	量化指标(B_{i1})0.6			非量化指标(B_{i2})0.4			优	良	差	
	优	良	差	优	良	差				
项目1	0	0.992	0.008	0.340	0.400	0.260	0.136	0.755	0.109	良
项目2	0.106	0.894	0	0.380	0.460	0.160	0.216	0.720	0.064	良
项目3	0	0.97	0.03	0.520	0.320	0.160	0.208	0.710	0.082	良
项目4	0	0.232	0.768	0.340	0.380	0.280	0.136	0.291	0.573	差
项目5	0	0.326	0.674	0.520	0.420	0.060	0.208	0.364	0.428	差
项目6	0	0.253	0.748	0.340	0.0540	0.120	0.136	0.367	0.497	差
项目7	0	0.228	0.772	0.380	0.340	0.280	0.152	0.273	0.575	差
项目8	1	0	0	0.380	0.440	0.180	0.652	0.176	0.072	优

与文献[142]对比可知，最终评价结果，项目5和项目7由"良"变为"差"（文献[142]中结果为"良"）。着重分析项目5和7的数据可以发现，可量化指标的DEA成绩（即采取对自身最有利权重时的评价结果）分别为22.2%、26.1%，已经很低。而采取交叉评价后的平均交叉效率则只有16.3%、16.4%，从这个角度看，显然本书的评价结果相对来说更易于被决策者接受。

6.6　本章小结

本章在引言部分简要地分析了工程投标项目选择决策的多属性特征，数据包络分析方法及模糊综合评价法的优劣，然后系统地阐述了多属性决策中DEA方法和FCA方法的应用现状。之后在6.2节阐述了本章的建模思路。6.3 根据本章应用需要,对第三章提出的工程投标决策指标体系进行了修改,然后提出了基于隶属程度的模糊综合评价投标决策模型及具体步骤,最后结合算例进行了验证。

交叉评价是基于"自评"和"互评"相结合,比起普通 DEA 评价来说更客观全面。其次将平均交叉效率值进行模糊化处理来代替专家打分或由专家直接给出其模糊分布的做法,有效地减少了主观性,为不确定环境下的决策建模提供了新的视角。

第七章　基于交叉评价的模糊
综合评价投标决策模型

7.1　引　　言

上一章中,我们给出了基于模糊隶属度的投标决策模型。其基本思路为将平均交叉效率值进行模糊化处理来代替专家打分或由专家直接给出其模糊分布。平均交叉效率公平地反映了各个评价单元的效率,显然用此来代替由专家直接打分更具说服力。但其为单一数值,客观上也没有模糊综合评价所需要的隶属度。上一章中,我们是将模糊综合评价的评语集设为 $V = (v_0, v_1, \cdots, v_{p-1})$,(对应的案例中评语为优、良、差)把平均交叉效率值理解为分别对 $v_0, v_1, \cdots, v_{p-1}$ 的隶属程度,然后采用等腰三角隶属函数来对其进行模糊处理。

考虑到 DEA 交叉评价的评价结果为相对效率,决策单元的效率大小并没有绝对意义,所以,这种模糊化方式存在一定缺陷。本章在第六章的基础上,在进行模糊化处理时,将决策对象的交叉效率最小值 $E_{i_0}^{\min}$ 作为三角模糊变量对应隶属函数的下界,将决策对象的交叉效率最大值 $E_{i_0}^{\max}$ 作为对应隶属函数的上界,将决策对象的平均交叉效率 $E_{i_0}^{\mathrm{cross}}$ 作为对应隶属函数最大值所对应的点。即将量化指标看作三角模糊数 $(E_{i_0}^{\min}, E_{i_0}^{\mathrm{cross}}, E_{i_0}^{\max})$。从而提出了一种新的模糊化交叉评价结果的方法。

7.2　相关概念与定义

5.2 节已经详细给出了交叉评价的相关知识。包括步骤,交叉效率的定义,此处不再赘述。在交叉效率定义的基础上,定义几个后文需要用到的重要概念。

设 DEA 评价系统中共有 n 个决策单元,记第 i 个决策单元为 $DMU_i, (i = 1, 2, \cdots, n)$。其输入、输出向量分别为

$$X_i = (x_{i1}, x_{i2}, \cdots, x_{is})^{\mathrm{T}}$$

$$Y_i = (y_{i1}, y_{i2}, \cdots, y_{ip})^{\mathrm{T}}$$

各自对应的权向量分别为

$$v_i = (v_i, v_{i2}, \cdots, v_{is})$$

$$u_i = (u_{i1}, u_{i2}, \cdots, v_{ip})$$

定义 1 称所有决策单元对于 DMU_{i_0} 交叉效率的最小值为 DMU_{i_0} 的最小交叉效率,记为

$$E_{i_0}^{\min} = \min_{i=1}^{n} E_{i_0 i}$$

定义 2 称所有决策单元对于 DMU_{i_0} 交叉效率的最大值为 DMU_{i_0} 的最大交叉效率,记为

$$E_{i_0}^{\max} = \max_{i=1}^{n} E_{i_0 i}$$

根据 5.2 节可知,平均交叉效率值 $E_{i_0}^{\mathrm{cross}}$ 是所有决策单元对于 DMU_{i_0} 的效率评价值的均值。显然,$E_{i_0}^{\mathrm{cross}}$ 的值越大,就表明 DMU_{i_0} 的相对效率越大。根据上述定义 1 与定义 2 分析可知,$E_{i_0}^{\min}$ 是对决策单元 DMU_{i_0} 最不利权重时的效率值,$E_{i_0}^{\max}$ 是对 DMU_{i_0} 最有利权重时的效率值。由 $E_{i_0}^{\mathrm{cross}}$、$E_{i_0}^{\min}$、$E_{i_0}^{\max}$ 表达式及计算过程可以看出,交叉效率一方面有普通 DEA 的"自评",同时也有其他决策单元的"互评",既有"最优值" $E_{i_0}^{\max}$,也有"最劣值" $E_{i_0}^{\min}$,很好地弥补了传统 DEA 夸大自身长处、回避缺陷、不能客观全面反映生产效率优劣的缺点,更进一步地体现了竞争的公平性。

7.3 决策指标体系

本章的重点是在上一章的基础上,提出另一种将量化数据的交叉评价处理结果模糊化的方法。因此工程投标决策指标体系同第六章。具体说明见 6.3 节及图 6-1。

7.4　基于交叉评价的模糊综合评价方法

本章提出的基于交叉评价的模糊综合评价方法,其基本思想是利用交叉评价的结果,作为模糊综合决策时的指标来进行评价。基本步骤如下:

(1)把评价系统内所有指标因素分为量化指标及非量化指标。

(2)按照 DEA 交叉评价的步骤,计算量化指标中各决策单元的平均交叉效率 $E_{i_0}^{\text{cross}}$,最小交叉效率 $E_{i_0}^{\min}$,最大交叉效率 $E_{i_0}^{\max}$。

特殊情况下,方程组(5-1)解出来的最优权重可能不唯一,从而导致计算出来的交叉效率值也不唯一。参考 5.3 节,当最优权重 $u_{i_1}^* = (u_{i_11}^*, u_{i_12}^*, \cdots, u_{i_1p}^*)$,$v_{i_1}^* = (v_{i_11}^*, v_{i_12}^*, \cdots, v_{i_1s}^*)$ 不唯一时,令

$$E_{i_0 i} = \min \frac{u_{i_1}^{*\text{T}} Y_{i_0}}{v_{i_1}^{*\text{T}} X_{i_0}}。$$

即此时的交叉效率为所有权重情况下的最小值。

(3)将量化指标的交叉效率值进行模糊化处理。

平均交叉效率公平地反映了各个评价单元的效率,显然用此来代替由专家直接打分更具说服力。但其为单一数值,客观上也没有模糊综合评价所需要的隶属度。上一章中我们是将模糊综合评价的评语集设为 $V = (v_0, v_1, \cdots, v_{p-1})$,把平均交叉效率值理解为分别对 $v_0, v_1, \cdots, v_{p-1}$ 的隶属程度,然后采用等腰三角隶属函数来对其进行模糊处理。考虑到 DEA 交叉评价的评价结果为相对效率,决策单元的效率大小并没有绝对意义,所以,在进行模糊化处理时,本书将决策对象的交叉效率最小值 $E_{i_0}^{\min}$ 作为三角模糊变量对应隶属函数的下界,将决策对象的交叉效率最大值 $E_{i_0}^{\max}$ 作为对应隶属函数的上界,将决策对象的平均交叉效率 $E_{i_0}^{\text{cross}}$ 作为对应隶属函数最大值所对应的点。即将量化指标看作三角模糊数 $(E_{i_0}^{\min}, E_{i_0}^{\text{cross}}, E_{i_0}^{\max})$,如图 7-1 所示。

此处需要注意的是,第六章模糊化处理之后的 (a, b, c) 是指对评语优、良、差的隶属程度,因而可以出现 $a > b$ 或 $b > c$ 等情况;而在本章的方法中,此处的 $(E_{i_0}^{\min}, E_{i_0}^{\text{cross}}, E_{i_0}^{\max})$ 是指模糊三角函数的隶属函数,因

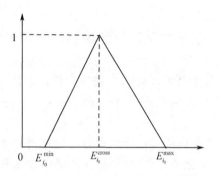

图 7 - 1　模糊评价的隶属函数

此必须有 $E_{i_0}^{\min} \leqslant E_{i_0}^{\mathrm{cross}} \leqslant E_{i_0}^{\max}$。本章其余地方出现的 (a, b, c) 形式也是指三角模糊数的隶属函数。请注意与第六章区分。

（4）计算非量化指标。

运用模糊综合评价法来计算非量化指标。将评语集 V 划分为 v_1、v_2、v_3、v_4、v_5 这样 5 个等级。评语集与隶属函数的对应关系见表 7 - 1。

表 7 - 1　评语集和隶属函数对应关系

评语	v_1（很差）	v_2（差）	v_3（一般）	v_4（好）	v_5（很好）
隶属函数	$(0, 0, 0.25)$	$(0, 0.25, 0.5)$	$(0.25, 0.5, 0.75)$	$(0.5, 0.75, 1)$	$(0.75, 1, 1)$

设有 $c_1, c_2, \cdots, c_q$ 个评价因素，评价因素 c_j 对应的评语为 $v_{ji}(j = 1, 2, \cdots, q; i = 1, 2, \cdots, 5)$，根据上表评语集和隶属函数的对应关系，评价因素 c_j 的隶属函数记为三角模糊数 R_{ji}。则 q 个评价指标的综合评价矩

阵为 $\boldsymbol{R}_j = \begin{bmatrix} R_{j1} \\ R_{j2} \\ \vdots \\ R_{jq} \end{bmatrix}(j = 1, 2, \cdots, n)$ 是一个 $q \times 3$ 矩阵。权重矩阵 $\boldsymbol{A}_j = (a_{j1},$

$a_{j2}, \cdots, a_{jq})(j = 1, 2, \cdots, n)$，则

$$\boldsymbol{B}_j = A_j \times R_j = (a_{j1}, a_{j2}, \cdots, a_{jq}) \begin{bmatrix} R_{j1} \\ R_{j2} \\ \vdots \\ R_{jq} \end{bmatrix} = (b_{j1}, b_{j2}, b_{j3})$$ 为第 j 个评价单

元的分指标中,非量化因素经过模糊综合评价后所得结果,是一个三角模糊数。

(5)将经过模糊处理后的量化指标和步骤(4)中计算后的非量化指标进行综合评价。

设 B_{i1} 为经过模糊处理后的量化指标评价矩阵,B_{i2} 为经过模糊综合评价后的非量化指标评价矩阵。则总指标的综合评价矩阵为 $R_i = \begin{bmatrix} B_{i1} \\ B_{i2} \end{bmatrix}(i=1,2,\cdots,n)$。设量化指标和非量化指标的权重向量 $A_i = (a_{i1},a_{i2})(i=1,2,\cdots,n)$。则 $B = A \times R = (a_{i1},a_{i2}) \times \begin{pmatrix} B_{i1} \\ B_{i2} \end{pmatrix} = (b_{i1},b_{i2},b_{i3})(i=1,2,\cdots,n)$。

(6)根据三角模糊数的期望公式(2-6),由期望值对各决策单元进行评价。

7.5 应用算例

某承包商进过初步筛选,确定在以下 8 个工程项目中进行投标选择。如第六章所述,初步将评价指标分为量化和非量化指标两部分,量化指标为承包商自身情况(表格内简称为"承包商")、项目自身情况(表格内简称为"项目情况");其中承包商自身情况以"技术工人可到位人数"(表格内简称为"人数")表示,项目自身情况以投资金额和预期利润来代表。业主情况、项目所在地综合情况(以"所在地情况"作为简称)、竞争对手情况这三项属非量化指标。具体指标及相应数据见表 7-2(部分数据来源于第六章)。(因第六章中(a,b,c)是指对于评语集优、良、差的隶属程度,而本章则是指三角模糊数的隶属函数,有本质不同,所以对第六章部分数据进行了修改,以更符合本章模型的情况)。

表 7 - 2 各项目统计数据

权重	量化指标 0.6			非量化指标 0.4		
一级指标	承包商	项目情况		业主情况	所在地情况	竞争对手情况
二级指标	人数	投资金额	预期利润	0.4	0.4	0.2
项目1	27	1570	430	$(0.25,0.5,0.75)$	$(0,0.25,0.5)$	$(0.5,0.75,1)$
项目2	119	5248	1945	$(0.25,0.5,0.75)$	$(0.5,0.75,1)$	$(0.5,0.75,1)$
项目3	40	580	361	$(0,0.25,0.5)$	$(0.25,0.5,0.75)$	$(0.5,0.75,1)$
项目4	81	4232	290	$(0.25,0.5,0.75)$	$(0,0.25,0.75)$	$(0.75,1,1)$
项目5	31	3161	177.97	$(0,0,0.25)$	$(0.5,0.75,1)$	$(0,0.25,0.5)$
项目6	18	381	51	$(0,0.25,0.5)$	$(0.25,0.5,0.75)$	$(0.5,0.75,1)$
项目7	60	180	40.8963	$(0.5,0.75,1)$	$(0.5,0.75,1)$	$(0.25,0.5,0.75)$
项目8	69	2052	1788.23	$(0.25,0.5,0.75)$	$(0,0,0.25)$	$(0,0.25,0.5)$

运用基于交叉评价的模糊综合评价方法进行分析。量化指标中，经分析可知，技术工人可到位人数、投资金额属于 DEA 系统的输入，预期利润属于系统的输出。首先求得各决策对象的量化指标的最小交叉效率值、平均交叉效率值及最大交叉效率值分别为：$E_1^{\min}=0.315$，$E_1^{cross}=0.496$，$E_1^{\max}=0.615$；$E_2^{\min}=0.426$，$E_2^{cross}=0.553$，$E_2^{\max}=0.631$；$E_3^{\min}=0.347$，$E_3^{cross}=0.485$，$E_3^{\max}=0.714$；$E_4^{\min}=0.079$，$E_4^{cross}=0.116$，$E_4^{\max}=0.318$；$E_5^{\min}=0.065$，$E_5^{cross}=0.163$，$E_5^{\max}=0.222$；$E_6^{\min}=0.109$，$E_6^{cross}=0.126$，$E_6^{\max}=0.154$；$E_7^{\min}=0.026$，$E_7^{cross}=0.114$，$E_7^{\max}=0.261$；$E_8^{\min}=1$，$E_8^{cross}=1$，$E_8^{\max}=1$。

按照 7.4 节的步骤(3)对交叉效率值进行模糊化处理。可以得到表 7-3 所列的交叉效率值模糊化隶属度。

表 7 – 3　量化指标处理结果

项目	量化指标			
	平均交叉效率值	最小交叉效率值	最大交叉效率值	隶属函数
1	0. 496	0. 315	0. 615	(0. 315,0. 496,0. 615)
2	0. 553	0. 426	0. 631	(0. 426,0. 553,0. 631)
3	0. 485	0. 347	0. 714	(0. 347,0. 485,0. 714)
4	0. 116	0. 079	0. 318	(0. 079,0. 116,0. 318)
5	0. 163	0. 065	0. 222	(0. 065,0. 163,0. 222)
6	0. 126	0. 109	0. 154	(0. 109,0. 126,0. 154)
7	0. 114	0. 026	0. 261	(0. 026,0. 114,0. 261)
8	1	1	1	(1,1,1)

对业主情况、项目所在地综合情况、竞争对手情况按照步骤(4)非量化指标处理过程进行计算。其中非量化指标综合管理的评语集为 $V = ($很差,差,一般,好,很好$)$，各自对应的隶属函数见表 7 – 1。根据评语集和隶属函数的对应关系,非量化指标的综合评价矩阵如表 7 – 2 右半部分所列。权重向量为(0. 4,0. 4,0. 2)。计算结果见表 7 – 4。

表 7 – 4　非量化指标处理结果

项目	非量化指标
	隶属函数
1	(0. 2,0. 45,0. 7)
2	(0. 4,0. 65,0. 9)
3	(0. 2,0. 45,0. 7)
4	(0. 25,0. 5,0. 7)
5	(0. 2,0. 35,0. 6)
6	(0. 2,0. 45,0. 7)
7	(0. 45,0. 7,0. 95)
8	(0. 1,0. 25,0. 5)

综合量化指标与非量化指标进行总体评价,由 $\boldsymbol{B} = \boldsymbol{A} \times \boldsymbol{R} = (a_{i1},$ $a_{i2}) \times \begin{pmatrix} B_{i1} \\ B_{i2} \end{pmatrix}$(其中$(a_{i1},a_{i2}) = (0. 6,0. 4)$,$B_{i1}$、$B_{i2}$如表 6 – 3、表 6 – 4 所

列),计算得到最终综合总评结果,见表7-5。根据三角模糊数的期望值公式,选择最终评价结果 B_i 的期望值作为最终的评价决策依据。

表 7-5 最终综合总评结果

项目	综合评价矩阵($\mathbf{R}_i = [B_{i1}, B_{i2}]^\mathrm{T}$)		最终评价结果 隶属函数(B_i)	期望值
	量化指标(B_{i1}) 0.6	非量化指标(B_{i2}) 0.4		
项目1	(0.315,0.496,0.615)	(0.2,0.45,0.7)	(0.269,0.478,0.649)	0.469
项目2	(0.426,0.553,0.631)	(0.4,0.65,0.9)	(0.416,0.592,0.739)	0.585
项目3	(0.347,0.485,0.714)	(0.2,0.45,0.7)	(0.288,0.471,0.708)	0.485
项目4	(0.079,0.116,0.318)	(0.25,0.5,0.7)	(0.147,0.270,0.471)	0.290
项目5	(0.065,0.163,0.222)	(0.2,0.35,0.6)	(0.119,0.238,0.373)	0.242
项目6	(0.109,0.126,0.154)	(0.2,0.45,0.7)	(0.145,0.256,0.372)	0.257
项目7	(0.026,0.114,0.261)	(0.45,0.7,0.95)	(0.196,0.348,0.537)	0.357
项目8	(1,1,1)	(0.1,0.25,0.5)	(0.64,0.7,0.8)	0.71

按照最终评价结果的期望值,各项目从优到劣依次为8、2、3、1、7、4、6、5。最优评价对象为项目8,作为承包商投标决策的参考。

7.6 本章小结

本章在引言部分简要地分析了工程投标项目选择决策的多属性特征,数据包络分析方法及模糊综合评价法的优劣。然后系统地阐述了多属性决策中 DEA 方法和 FCA 方法的应用现状。之后在7.2 节对文中所用到的概念进行了定义和说明。7.3 节根据本章应用需要,对第三章提出的工程投标决策指标体系进行了修改,然后提出了基于交叉评价的模糊综合评价投标决策模型及具体步骤,最后结合算例进行了验证。

本章提出的基于 DEA 交叉评价的模糊综合评价投标决策方法,优势在于,首先交叉评价是基于"自评"和"互评"相结合,比起普通 DEA 评价来说更为客观全面。其次对于量化数据,借鉴 DEA 交叉评价,将最小交叉效率、平均交叉效率和最大交叉效率模糊化为评价指标的隶属函数,代替由专家打分或直接给出其模糊分布,作为模糊综合评价的评价指标,和非量化指标一起进行最终评价,有效地减少了主观性,为充满不确定性的工程投标项目选择决策提供了新的方法,也为 DEA 评价结果模糊化提供了新的视角。

第八章 属性权重完全未知时
投标决策模型

8.1 引　言

上一章中,我们给出了基于交叉评价的模糊综合评价投标决策模型。其基本思路是将投标决策时可以量化的指标采用 DEA 交叉评价方法得到各评价单元的隶属函数,并与非量化指标一起进行模糊综合评价。

在处理时,非量化各指标的权重设定为已知,量化指标和非量化指标的比重也由决策者提前给出。而在现实问题中,准确获知各指标的权重并非易事,人为指定又主观色彩过于浓厚。本章考虑到实际情况,在第七章的基础上进行了改进。这种改进主要体现在假定各属性权重完全未知的情形下,借鉴离差最大化思想,提出一种基于离差最大化和交叉评价的模糊多属性决策方法,以使模型能更客观和全面地反映现实投标决策系统。

8.2　相关概念与定义

5.2 节已经详细给出了交叉评价的相关知识,包括步骤、交叉效率的定义,此处不再赘述。最小交叉效率、最大交叉效率已在第七章给出。此处仅对后文用到的利差最大化方法决策原理进行介绍。

定义 1　设 $\tilde{a} = (a^1, a^2, a^3)$, $\tilde{b} = (b^1, b^2, b^3)$ 为任意两个三角模糊数,则称

$$d(\tilde{a}, \tilde{b}) = \sqrt{\frac{1}{3}[(a^1 - b^1)^2 + (a^2 - b^2)^2 + (a^3 - b^3)^2]} \quad (8-1)$$

式中:$d(\tilde{a},\tilde{b})$ 表示 $\tilde{a}$ 与 $\tilde{b}$ 的距离。

定义2 设 $\tilde{a}=(a^1,a^2,a^3)$, $\tilde{b}=(b^1,b^2,b^3)$ 为任意两个三角模糊数,则称

$$\tilde{a}\odot\tilde{b}=\frac{1}{3}(a^1b^1+a^2b^2+a^3b^3)$$ 为 $\tilde{a}$ 与 $\tilde{b}$ 的积。特别地,当 $\tilde{a}=\tilde{b}$ 时,则称

$$\sqrt{\tilde{a}\odot\tilde{a}}=\sqrt{\frac{1}{3}\left[(a^1)^2+(a^2)^2+(a^3)^2\right]}\triangleq\parallel\tilde{a}\parallel$$ 为 $\tilde{a}$ 的模。

对于权重信息完全未知且属性值为三角模糊数的决策问题,基本模型可以描述如下:设 $X=\{x_1,x_2,\cdots,x_n\}$ 为方案集; $S=\{s_1,s_2,\cdots,s_m\}$ 为属性集; $\boldsymbol{\omega}=(\omega_1,\omega_2,\cdots,\omega_m)^{\mathrm{T}}$ 为属性权重向量,其中 $\sum\limits_{i=1}^{m}\omega_i=1$,且 $\omega_i\geqslant0$;记 $M=\{1,2,\cdots,m\}$, $N=\{1,2,\cdots,n\}$。对于方案 x_j,按第 i 个属性 s_i 进行测量得到 x_j 关于 s_i 的属性值为三角模糊数 $\tilde{a}_{ij}=(a_{ij}^1,a_{ij}^2,a_{ij}^3)$,从而构成模糊决策矩阵 $\tilde{A}=(\tilde{a}_{ij})_{m\times n}$,最常见的属性类型一般分为效益型和成本型。效益型是指越大越好的属性,成本型是指越小越好的属性。设 $I_k(k=1,2)$ 分别表示效益型、成本型下标集合,易知 $M=I_1\cup I_2$。

决策之前将所有属性进行无量纲和规范化处理是必要的。可分别按下式对属性决策矩阵 $\tilde{A}$ 转化为规范化决策矩阵 $\tilde{R}=(\tilde{r}_{ij})_{m\times n}$,其中 $\tilde{r}_{ij}=(r_{ij}^1,r_{ij}^2,r_{ij}^3)$,

$$当\ i\in I_1,\begin{cases}r_{ij}^1=a_{ij}^1\Big/\sqrt{\sum\limits_{j=1}^{n}(\parallel\tilde{a}_{ij}\parallel)^2}\\[2mm]r_{ij}^2=a_{ij}^2\Big/\sqrt{\sum\limits_{j=1}^{n}(\parallel\tilde{a}_{ij}\parallel)^2}\\[2mm]r_{ij}^3=a_{ij}^3\Big/\sqrt{\sum\limits_{j=1}^{n}(\parallel\tilde{a}_{ij}\parallel)^2}\end{cases}\qquad(8-2)$$

$$i \in I_2, \begin{cases} r_{ij}^1 = (1/a_{ij}^1) \Big/ \sqrt{\sum_{j=1}^n \left(\left\| \dfrac{1}{\tilde{a}_{ij}} \right\| \right)^2} \\[2ex] r_{ij}^2 = (1/a_{ij}^2) \Big/ \sqrt{\sum_{j=1}^n \left(\left\| \dfrac{1}{\tilde{a}_{ij}} \right\| \right)^2} \\[2ex] r_{ij}^3 = (1/a_{ij}^3) \Big/ \sqrt{\sum_{j=1}^n \left(\left\| \dfrac{1}{\tilde{a}_{ij}} \right\| \right)^2} \end{cases} \qquad (8-3)$$

则加权规范化决策矩阵 $\tilde{Z} = (\tilde{z}_{ij})_{m \times n} = (\omega_i \tilde{r}_{ij})_{m \times n}$。

由于属性权重未知,而属性权重的不确定性会引起对方案评价结果的不确定性。一般地,若所有决策方案在属性 s_i 下的属性值 $\tilde{a}_{ij}(j \in N)$ 差异越小,则说明该属性权重对方案决策的作用越小;反之则说明该属性能使所有决策方案的属性值 $\tilde{a}_{ij}$ 有较大离差。离差越大,该属性对决策起的作用也越重要。从这个意义上来说,不管方案属性值本身重要程度如何,方案属性值离差越大则应该赋予越大的权重。

基于上述思想,利用式(8-1),在加权规范化矩阵 $\tilde{Z}$ 中,对第 i 个属性 s_i,方案 x_j 的加权属性值 $\tilde{z}_{ij}$ 与其他方案属性值的离差定义为 $d_j(\omega_i) = \sum_{k=1}^n d(\tilde{z}_{ij}, \tilde{z}_{ik}) = \sum_{k=1}^n d(\tilde{r}_{ij}, \tilde{r}_{ik})\omega_i$,则对第 i 个属性 s_i,所有决策方案与其他决策方案的总离差为 $d(\omega_i) = \sum_{j=1}^n \sum_{k=1}^n d(\tilde{r}_{ij}, \tilde{r}_{ik})\omega_i$,从而,权重向量 $\boldsymbol{\omega}$ 的选择应使所有属性对所有决策方案的总离差最大。为此,建立下列线性规划模型:

$$LOP \begin{cases} \max d(\omega) = \sum_{i=1}^m \sum_{j=1}^n \sum_{k=1}^n d(\tilde{r}_{ij}, \tilde{r}_{ik})\omega_i \\[2ex] \text{s. t. } \sum_{i=1}^m \omega_i^2 = 1, \omega_i \geqslant 0 \end{cases}$$

构造 Lagrange 乘子函数:

$$L(\omega, \lambda) = \sum_{i=1}^m \sum_{j=1}^n \sum_{k=1}^n d(\tilde{r}_{ij}, \tilde{r}_{ik})\omega_i + \lambda \left(\sum_{i=1}^m \omega_i^2 - 1 \right)$$

92

令

$$\begin{cases} \dfrac{\partial L}{\partial \omega_i} = \sum_{j=1}^{n} \sum_{k=1}^{n} d(\tilde{r}_{ij}, \tilde{r}_{ik}) + 2\lambda\omega_i = 0 \\ \dfrac{\partial L}{\partial \lambda} = \sum_{i=1}^{m} \omega_i^2 - 1 = 0 \end{cases}$$

解得 $\quad \omega_i = \dfrac{\displaystyle\sum_{j=1}^{n} \sum_{k=1}^{n} d(\tilde{r}_{ij}, \tilde{r}_{ik})}{\sqrt{\displaystyle\sum_{i=1}^{m} \left(\sum_{j=1}^{n} \sum_{k=1}^{n} d(\tilde{r}_{ij}, \tilde{r}_{ik}) \right)^2}}, i \in M$

对上述权重向量作归一化处理得

$$\omega_i = \dfrac{\displaystyle\sum_{j=1}^{n} \sum_{k=1}^{n} d(\tilde{r}_{ij}, \tilde{r}_{ik})}{\displaystyle\sum_{i=1}^{m} \sum_{j=1}^{n} \sum_{k=1}^{n} d(\tilde{r}_{ij}, \tilde{r}_{ik})}, i \in M \qquad (8-4)$$

8.3　决策指标体系

本章的重点是在上一章的基础上,提出权重完全未知时投标决策方法。因此工程投标决策指标体系同第六章。具体说明见 6.3 节及图 6-1。

8.4　离差最大化时基于交叉评价的模糊多属性决策方法

本文提出的离差最大化条件下基于交叉评价的模糊综合多属性决策方法的基本思路是,将交叉评价的结果(最小交叉效率、平均交叉效率和最大交叉效率)进行模糊化处理后作为模糊综合决策时的指标进行评价,各属性权重由离差最大化的思想进行确定。基本步骤如下:

(1) 将评价系统内所有指标因素分为量化指标和非量化指标。

(2) 按照 DEA 交叉评价的步骤计算量化指标中各决策单元的平均交叉效率 $E_{i_0}^{\text{cross}}$,最小交叉效率 $E_{i_0}^{\text{min}}$,最大交叉效率 $E_{i_0}^{\text{max}}$,具体步骤见第七章。

（3）将决策对象的交叉效率最小值 $E_{i_0}^{\min}$ 作为三角模糊变量对应隶属函数的下界，将决策对象的交叉效率最大值 $E_{i_0}^{\max}$ 作为对应隶属函数的上界，将决策对象的平均交叉效率 $E_{i_0}^{\text{cross}}$ 作为对应隶属函数最大值所对应的点。即将量化指标看作三角模糊数（$E_{i_0}^{\min}, E_{i_0}^{\text{cross}}, E_{i_0}^{\max}$），如图 8 - 1 所示。

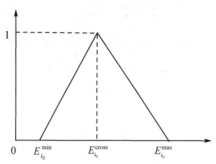

图 8 - 1　量化指标模糊化后的隶属函数

（4）运用模糊综合评价法来计算非量化指标。将评语集 V 划分为 v_1、v_2、v_3、v_4、v_5 这样 5 个等级。评语集与隶属函数的对应关系见表 8 - 1。

表 8 - 1　评语集和隶属函数对应关系

评语	v_1（很差）	v_2（差）	v_3（一般）	v_4（好）	v_5（很好）
隶属函数	(0,0,0.25)	(0,0.25,0.5)	(0.25,0.5,0.75)	(0.5,0.75,1)	(0.75,1,1)

设有 $c_1, c_2, \cdots, c_q$ 个评价因素，评价因素 c_j 对应的评语为 v_{ji}（$j = 1, 2, \cdots, q; i = 1, 2, \cdots, 5$），根据上表评语集和隶属函数的对应关系，评价因素 c_j 的隶属函数记为三角模糊数 R_{ji}。则 q 个评价指标的综合评价矩阵为 $\boldsymbol{R}_j = \begin{bmatrix} R_{j1} \\ R_{j2} \\ \vdots \\ R_{jq} \end{bmatrix}$（$j = 1, 2, \cdots, n$）是一个 $q \times 3$ 矩阵。

（5）由式（8 - 2）和（8 - 3），将上述非量化指标的综合评价矩阵 R_j 转化为规范化决策矩阵 $\tilde{\boldsymbol{R}}_j$，并由式（8 - 4）计算得非量化指标的权重向

94

量 A_j，则得加权规范化矩阵 $B_j = A_j \times R_j = (a_{j1}, a_{j2}, \cdots, a_{jq})(R_{j1}, R_{j2}, \cdots, R_{jq})^{\mathrm{T}} = (b_{j1}, b_{j2}, b_{j3})$ 为第 j 个评价单元的分指标中非量化因素经模糊综合评价后所得结果，是一个三角模糊数。

（6）将步骤（3）模糊处理后的量化指标与经步骤（5）计算后的非量化指标进行综合评价。

和第七章不同，此处量化指标和非量化指标比重完全未知。由式（8 - 2）、（8 - 3），参照步骤（5），仍然由离差最大化方法来求解权重。

设 B_{i1} 为经过模糊处理后的量化指标评价矩阵，B_{i2} 为经过模糊综合评价后的非量化指标评价矩阵。则总指标的综合评价矩阵为 $R_i = \begin{bmatrix} B_{i1} \\ B_{i2} \end{bmatrix} (i = 1, 2, \cdots, n)$。设根据离差最大化求得量化指标和非量化指标的权重向量 $A_i = (a_{i1}, a_{i2})(i = 1, 2, \cdots, n)$。则 $B = A \times R = (a_{i1}, a_{i2}) \times \begin{pmatrix} B_{i1} \\ B_{i2} \end{pmatrix} = (b_{i1}, b_{i2}, b_{i3})(i = 1, 2, \cdots, n)$。

（7）根据三角模糊数的期望公式，由期望值对各决策单元进行评价。

8.5 应 用 算 例

某承包商进过初步筛选，确定在以下 8 个工程项目中进行投标选择。如第六章所述，初步将评价指标分为量化和非量化指标两部分，量化指标为承包商自身情况（表格内简称为"承包商"）、项目自身情况（表格内简称为"项目情况"）；其中承包商自身情况以"技术工人可到位人数"（表格内简称为"人数"）表示，项目自身情况以投资金额和预期利润来代表。业主情况、项目所在地综合情况（以"所在地情况"作为简称）、竞争对手情况这三项属非量化指标。具体指标及相应数据见表 8 - 2（部分数据来源于第七章）。

表 8 - 2　各项目统计数据

权重	量化指标			非量化指标		
一级指标	承包商	项目情况		业主情况	所在地情况	竞争对手情况
二级指标	人数	投资金额	预期利润			
项目 1	27	1570	430	(0.25,0.5,0.75)	(0,0.25,0.5)	(0.5,0.75,1)
项目 2	119	5248	1945	(0.25,0.5,0.75)	(0.5,0.75,1)	(0.5,0.75,1)
项目 3	40	580	361	(0,0.25,0.5)	(0.25,0.5,0.75)	(0.5,0.75,1)
项目 4	81	4232	290	(0.25,0.5,0.75)	(0,0.25,0.75)	(0.75,1,1)
项目 5	31	3161	177.97	(0,0,0.25)	(0.5,0.75,1)	(0,0.25,0.5)
项目 6	18	381	51	(0,0.25,0.5)	(0.25,0.5,0.75)	(0.5,0.75,1)
项目 7	60	180	40.8963	(0.5,0.75,1)	(0.5,0.75,1)	(0.25,0.5,0.75)
项目 8	69	2052	1788.23	(0.25,0.5,0.75)	(0,0,0.25)	(0,0.25,0.5)

　　运用基于离差最大化条件下基于交叉评价的模糊多属性决策方法进行分析。量化指标中,经分析可知,技术工人可到位人数、投资金额属于 DEA 系统的输入,预期利润属于系统的输出。首先求得各决策对象的量化指标的最小交叉效率值、平均交叉效率值及最大交叉效率值分别为:$E_1^{\min} = 0.315$,$E_1^{\text{cross}} = 0.496$,$E_1^{\max} = 0.615$;$E_2^{\min} = 0.426$,$E_2^{\text{cross}} = 0.553$,$E_2^{\max} = 0.631$;$E_3^{\min} = 0.347$,$E_3^{\text{cross}} = 0.485$,$E_3^{\max} = 0.714$;$E_4^{\min} = 0.079$,$E_4^{\text{cross}} = 0.116$,$E_4^{\max} = 0.318$;$E_5^{\min} = 0.065$,$E_5^{\text{cross}} = 0.163$,$E_5^{\max} = 0.222$;$E_6^{\min} = 0.109$,$E_6^{\text{cross}} = 0.126$,$E_6^{\max} = 0.154$;$E_7^{\min} = 0.026$,$E_7^{\text{cross}} = 0.114$,$E_7^{\max} = 0.261$;$E_8^{\min} = 1$,$E_8^{\text{cross}} = 1$,$E_8^{\max} = 1$。

　　按照第七章对交叉效率值进行模糊化处理。可以得到表 8 - 3 所列的交叉效率值模糊化隶属度。

表 8-3 量化指标处理结果

项目	量化指标			
	平均交叉效率值	最小交叉效率值	最大交叉效率值	隶属函数
1	0.496	0.315	0.615	(0.315,0.496,0.615)
2	0.553	0.426	0.631	(0.426,0.553,0.631)
3	0.485	0.347	0.714	(0.347,0.485,0.714)
4	0.116	0.079	0.318	(0.079,0.116,0.318)
5	0.163	0.065	0.222	(0.065,0.163,0.222)
6	0.126	0.109	0.154	(0.109,0.126,0.154)
7	0.114	0.026	0.261	(0.026,0.114,0.261)
8	1	1	1	(1,1,1)

对业主情况、项目所在地综合情况、竞争对手情况按照步骤(4)非量化指标处理过程进行计算。其中非量化指标综合管理的评语集为 V =(很差,差,一般,好,很好),各自对应的隶属函数见表 8-1。根据评语集和隶属函数的对应关系,非量化指标的综合评价矩阵如表 8-2 右半部分所列。权重向量为(0.4,0.4,0.2)。计算结果见表 8-4。

表 8-4 非量化指标评价规范化矩阵

业主情况	所在地情况	竞争对手情况
(0.177,0.354,0.531)	(0,0.196,0.392)	(0.267,0.4,0.533)
(0.177,0.354,0.531)	(0.392,0.588,0.784)	(0.267,0.4,0.533)
(0,0.177,0.354)	(0.196,0.392,0.588)	(0.267,0.4,0.533)
(0.177,0.354,0.531)	(0,0.196,0.392)	(0.267,0.4,0.533)
(0,0,0.177)	(0.392,0.588,0.784)	(0,0.133,0.267)
(0,0.177,0.354)	(0.196,0.392,0.588)	(0.267,0.4,0.533)
(0.354,0.531,0.708)	(0.392,0.588,0.784)	(0.133,0.267,0.4)
(0.177,0.354,0.531)	(0,0,0.196)	(0,0.133,0.267)

利用式(8-4)求得非量化指标三个分指标权重分别为 0.313、0.435、0.252。

带入得加权规范化矩阵即为非量化指标最终处理结果见表 8-5。

表 8 – 5　非量化指标最终评价隶属函数

项目	非量化指标最终评价隶属函数
1	(0.122,0.372,0.470)
2	(0.294,0.468,0.643)
3	(0.153,0.327,0.475)
4	(0.122,0.296,0.470)
5	(0.172,0.292,0.467)
6	(0.153,0.327,0.502)
7	(0.315,0.490,0.664)
8	(0.055,0.143,0.318)

　　结合表 8 – 3 最后一列量化指标处理结果和上表非量化指标处理结果,再重复上述步骤,按照公式(8 – 2)和(8 – 3)规范化,求得量化指标与非量化指标权重为 0.65、0.35。

　　根据步骤(6)对量化指标和非量化指标进行总体评价。由 $\boldsymbol{B} = \boldsymbol{A}$
$\times \boldsymbol{R} = (a_{i1}, a_{i2}) \times \begin{pmatrix} B_{i1} \\ B_{i2} \end{pmatrix}$(其中 $(a_{i1}, a_{i2}) = (0.65, 0.35)$,$B_{i1}$、$B_{i2}$ 如
表 8 – 3、表 8 – 5 所列),计算得到最终综合总评结果,见表 8 – 6。根据三角模糊数的期望值公式,选择最终评价结果 B_i 的期望值作为最终的评价决策依据。

表 8 – 6　最终综合总评结果

项目	综合评价矩阵($\boldsymbol{R}_i = [B_{i1}, B_{i2}]^{\mathrm{T}}$)		最终评价结果隶属函数(B_i)	期望值
	量化指标(B_{i1}) 0.65	非量化指标(B_{i2}) 0.35		
1	(0.315,0.496,0.615)	(0.122,0.372,0.470)	(0.187,0.260,0.442)	0.287
2	(0.426,0.553,0.631)	(0.294,0.468,0.643)	(0.296,0.413,0.507)	0.407
3	(0.347,0.485,0.714)	(0.153,0.327,0.475)	(0.212,0.335,0.490)	0.343
4	(0.079,0.116,0.318)	(0.122,0.296,0.470)	(0.077,0.151,0.304)	0.171
5	(0.065,0.163,0.222)	(0.172,0.292,0.467)	(0.087,0.172,0.154)	0.146

项目	综合评价矩阵（$\boldsymbol{R}_i = [B_{i1}, B_{i2}]^T$）		最终评价结果隶属函数（B_i）	期望值
	量化指标（B_{i1}） 0.65	非量化指标（B_{i2}） 0.35		
6	(0.109,0.126,0.154)	(0.153,0.327,0.502)	(0.101,0.167,0.237)	0.168
7	(0.026,0.114,0.261)	(0.315,0.490,0.664)	(0.116,0.215,0.341)	0.222
8	(1,1,1)	(0.055,0.143,0.318)	(0.486,0.515,0.572)	0.522

根据三角模糊数的期望公式,选择最终评价结果 B_j 的期望值作为最终的评价决策依据。按最终评价结果的期望值,各项目从优到劣依次为 8、2、3、1、7、4、6、5,最佳为项目 8。

8.6 本章小结

本章针对项目投标决策中既有客观数据,又有主观数据,且属性权重完全未知的情况,给出了处理方法。将量化指标用 DEA 交叉评价方法处理,并将之模糊化;非量化指标采用模糊综合评价,最后再一起进行最终评价。引入离差最大化方法确定各属性的权重。该方法充分避免了由决策人员人为指定权重造成的主观性,使最终结果更加合理。

第九章　总结与展望

基于我国建筑工程投标决策的研究现状及现实需要,本书确定了"工程项目投标决策方法研究"这一选题并按照工程投标决策流程上的顺序,深入分析了"工程投标机会"(Bid/No – Bid 决策)及"工程投标项目选择决策"(Which Project to Bid)这两大问题,每一章都根据自己的研究建立了模型,并根据分析结果分别得出结论。本章将这些结论进行统一的梳理后,又进行了系统的归纳和阐述,以便于人们详尽理解工程投标决策的相关内容,辅助他们做出合理决策。此外,本章对本选题进一步研究的方向进行了展望。

9.1　全书总结

综观全文,我们可以将论文的主要结论通过以下五个方面进行阐述:

(1)明确界定了工程投标决策的关键评价指标,建立了工程投标决策指标体系。

虽然工程投标指标体系的研究由来已久,而且在工程投标决策相关文献中也多有所涉及,但长期以来不同专家并无统一意见。为了给工程投标决策一个更为普遍与令人信服的评价指标体系,使人们对工程投标决策的影响因素更为明了,本研究通过大量的文献检索、阅读与整理、研究得出了工程投标决策的关键评价指标,主要包括:①承包商自身情况;②竞争对手情况;③业主情况;④项目所在地综合情况;⑤项目自身情况共 5 个方面的指标。并在此基础上建立了工程投标决策指标体系。

(2)在工程投标决策指标体系的基础上,建立了工程投标模糊风

100

险评估模型,用来对 Bid/No – Bid 决策进行研究。

本研究根据我国建筑工程行业历史数据不充分、许多因素无法精确定量的情况,结合模糊理论,提出了基于模糊风险评估的工程投标 Bid/No – Bid 决策算法。首先确定语意变量,然后由业内经验丰富的专家对拟投标项目的各个指标发生的可能性与产生后果的严重性进行模糊评估,各个专家评估的主观性,则采取模糊平均算子来平衡。最后由可能性与严重性的评估结果,用模糊加权平均计算该项目的风险当量。将该风险当量与公司之前确定的风险值 R_0 比较,以进行 Bid/No – Bid 决策。

(3)根据国内工程项目选择的研究现状,提出了一种将 DEA 交叉评价和模糊理论相结合的工程投标项目选择方法。

本研究通过 DEA 交叉评价来平衡模糊理论中专家评价和权重的误差,建立了基于交叉评价和模糊理论的工程项目选择方法,并给出了详细步骤。最后结合一个算例,验证了模型的可靠性和可行性,为承包商进行工程项目投标决策提供了一种新方法。

(4)根据工程投标项目选择决策指标中既有定量数据,又有无法量化的主观指标的情况,建立了基于模糊隶属度的投标决策模型。

本研究将第三章的指标体系进行了归纳,划分为定量指标与定性指标。客观的定量数据用交叉评价进行处理,得到该指标的平均交叉效率,根据评语"优、良、差"计算出该平均交叉效率对于各评语的隶属程度。对于定性指标,由专家给出各自的隶属程度评价。最后将定量指标与定性指标一起进行综合评价。

(5)在第 4 点的基础上,重新提出了一种全新的将交叉评价模糊化的方式,建立了基于交叉评价的模糊综合评价投标决策模型。

首先创造性的定义了最小交叉效率、最大交叉效率。对定性指标采取 DEA 交叉评价方法,分别得出最小交叉效率值、平均交叉效率值、最大交叉效率值,然后将其模糊化为三角模糊数,与非定量指标一起进行最终评价。将所有拟投标项目的最终评价值进行比较,以便做出项目选择决策。通过这种定性与定量相结合的方法,有效地减少了主观性。

9.2　研究的局限性与研究展望

本书试图通过对工程投标决策两个方面的研究,为工程投标决策者在面对充满不确定性的环境下决策时提供一定的帮助。其中所涉及的一些方法等很多方面都是在摸索中进行的(如将 EDA 与模糊理论、模糊综合评价进行结合,工程投标决策指标的划分等),不可否认这些模型在理论发展与现实应用上均具有一定的意义,但因个人能力有限,加之受到客观资源条件的约束,这些模型并不是尽善尽美的,存在一些理论或方法上的缺陷。论文的局限性,在以下方面值得进一步深入研究:

(1)对工程投标决策指标体系的相关研究有待深入、细化。

目前,虽然工程投标决策指标的研究文献已有很多,但投标决策到底要考虑哪些指标,仍无统一一标准。要建立统一规范的工程投标决策指标体系,需要大量的调查数据,这些数据多通过问卷或其他形式,但都离不开大批相关研究人员对资料的收集、整理。本文只是基于目前现有的研究成果,通过对文献的整理分析和自身研究需要,提出本人对工程投标决策指标体系的看法。由于个人能力、时间都有限以及不可避免的一定程度的主观性,由此所提出的指标体系在完善性、细致性上有所欠缺,有待进一步地深入和细化。

另外本书在利用指标体系时,为使模型尽量简单明晰,都只考虑了第一层级的大方面的指标,这也有待后来学者加以深入、具体。

(2)对 Bid/No-Bid 决策的研究有待进一步完善。

本书对 Bid/No-Bid 决策的研究部分存在如下不足:专家对各个项目的评价主观性过强。虽然本研究已经采用了模糊综合平均来平衡不同专家的判断,但专家评判的主观性在一定程度上仍然不可避免,从而使得评价结果和拟投标项目的真实水平之间不完全客观一致,尤其是由于大量样本数据的获得需要支付大量的人力、财力、时间,本研究考虑到实际情况及计算复杂性,专家数目只有两位,这也在一定程度上将影响到分析结果的精确性,风险当量值 R_0 的确定也过分依赖于专家的经验。

（3）基于模糊隶属度的投标决策模型与基于交叉评价的模糊综合评价投标决策模型有赖于相关数据库的构建与完善。

第六章、第七章提出了基于模糊隶属度的投标决策模型与基于交叉评价的模糊综合评价投标决策模型。然而，这两个模型应用的基本前提条件都是需要准确区分定量指标与定性指标，对于定量指标，需要有完善确切的数据资料，如果没有这个数据库，本研究所提出的模型便只能停留在理论层面而不能真正付诸实践。

（4）将平均交叉效率值进行模糊化时，如何选择模糊化隶属函数才能更确切，还值得进行更深的探讨。

第六章提出的基于模糊隶属度的投标决策模型中，将计算出的量化数据的平均交叉效率值 $E_{i_0}^{\text{cross}}$ 理解为对模糊综合评价相应评语（如优、良、差）的隶属程度，然后采用等腰三角隶属函数来进行模糊处理。最后与非量化数据一起进行二次评价，根据最大隶属度原则做出综合评价结果。第七章在第六章的基础上首先定义了最小交叉效率 $E_{i_0}^{\text{min}}$ 与最大交叉效率 $E_{i_0}^{\text{max}}$，在进行模糊化处理时，将决策对象的交叉效率最小值 $E_{i_0}^{\text{min}}$ 作为三角模糊变量对应隶属函数的下界，将决策对象的交叉效率最大值 $E_{i_0}^{\text{max}}$ 作为对应隶属函数的上界，将决策对象的平均交叉效率 $E_{i_0}^{\text{cross}}$ 作为对应隶属函数最大值所对应的点。即将量化指标看作三角模糊数（$E_{i_0}^{\text{min}}, E_{i_0}^{\text{cross}}, E_{i_0}^{\text{max}}$）。从而提出了一种新的模糊化交叉评价结果的方法。两种方法虽然模糊化方式不同，都同最终分析结果的精准性息息相关。本书只是在阅读大量文献的基础上，提出了两种模糊化方式。但将平均交叉效率值进行模糊化时，如何选择模糊化隶属函数才能更确切，还值得进行更深的探讨。

参考文献

[1] 住房和城乡建设部计划财务与外事司,中国建筑业协会.2009 年建筑业发展统计分析[J].工程管理学报,2010,24(3):237 – 246.

[2] 谭旋.工程招投标交易成本的质量改进研究[D].上海:同济大学,2008.

[3] 袁炳玉,朱建元.中外投标经典案例与评析[M].北京:电子工业出版社,2004.

[4] 许建灵.杭州市建筑工程投标监督体系研究[D].杭州:浙江大学,2005.

[5] 余杭.招标投标通论[M].北京:经济日报出版社,1993.

[6] 於永和.BOT 项目投标决策模型及其应用研究[D].长沙:湖南大学,2006.

[7] 许高峰.国际招投标理论与实务[M].北京:人民交通出版社,1999.

[8] 林齐宁.决策分析[M].北京:北京邮电大学出版社,2003.

[9] 冯刚,陈森发.投标报价决策模型进展[J].系统工程理论方法应用.2002,11(2):107 – 115.

[10] Jin W,Yuejie X,Zhun L. Research on project selection system of pre – evaluation of engineering design project bidding[J]. International Journal of Project Management. 2009,27(6):584 – 599.

[11] 陈远祥,杨俊琴.公路工程投标决策支持系统研究[J].交通与计算机,2004,22(3):48 – 50.

[12] 马俊,邱菀华,张浩.招投标决策模型及其应用[J].北京航天航空大学学报.2000,26(4):470 – 472.

[13] 朱莲.一种简化的投标决策模型[J].西安科技学院学报.2003,23(1):97 – 99.

[14] 喻刚.建设工程项目投标报价决策研究[D].天津:天津大学,2009.

[15] 王卓甫,杨高升,刑会歌.建设工程招标模型与评标机制设计[J].土木工程学报.2010,43(8):140 – 145.

[16] 张朝勇,王卓甫.基于熵权的 Fuzzy – AHP 法的水电工程投标风险决策[J].水利水电技术.2007,38(6):84 – 87.

[17] 彭锟,强茂山.模糊层次分析法在 Duber Khwar 项目风险评价和投标决策中的应用研究[J].水力发电学报.2004,23(3):44 – 50.

[18] 陈晓明.电力市场中投标策略纳什均衡计算及安全成本分摊[D].天津:天津大学,2005.

[19] 徐松,尹长生,唐万生.基于模糊模拟的多准则 R&D 项目选择方法[J].科学学与科学

技术管理.2007,28(5):31-35.

[20] 黎建强,詹文杰,张金隆,等. 多风险因素的投标报价决策方法[J]. 运筹与管理,2002,
11(1):1-10.

[21] Friedman L. A competitive bidding strategy[J]. Operation Research,1956,4:104-112.

[22] Gates M. Bidding strategies and probabilities[J]. Journal of the Construction Division,1967,
93:74-1-7.

[23] Morin T L,Clough R H. OPBID:Competitive Bidding Strategy Model[J]. Journal of the Con-
struction Division,ASCE ,1969,95(1):85-1-7.

[24] Carr R I. General Bidding Model[J]. Journal of the Construction Division,ASCE ,1982,108
(40):639-651.

[25] 鲁耀斌,黎志成,石双元. 招标投标过程的最优投标策略研究[J]. 华中理工大学学报,
1997,25(11):6-8.

[26] 刘勇. 试用博弈论分析招投标工作中的一些现象[J]. 建筑管理现代化.1999,2(55):
25-26.

[27] 郝丽萍,郑远挺,谭庆美. 建设工程投标报价的博弈模型研究[J]. 哈尔滨建筑大学学
报.2002,35(2):109-112.

[28] 郝丽萍,谭庆美,戈勇. 基于博弈模型和模糊预测的投标报价策略研究[J]. 管理工程
学报,2002,16(3):94-96.

[29] 吕炜,任玉珑,季华华. 基于一级密封的工程量清单投标报价的博弈模型[J]. 管理工
程学报,2007,21(1):122-126.

[30] 关树明,李波,郭红. 基于博弈论的最有投标报价模型[J]. 河北科技大学学报,2010,
31(3):192-194.

[31] 樊建强,徐海成. 基于贝叶斯博弈均衡的合理低价中标下投标报价模型模型[J]. 统计
与决策,2008,18:122-126.

[32] 黄宏飞,欧国立. 博弈论在投标报价决策中的应用[J]. 北方交通大学学报,2000,24
(3):41-44.

[33] 郭静,陈英武,郭勤,等. 不确定环境下的投标方报价模型研究[J]. 运筹与管理,2007,
16(3):142-145.

[34] 任宏,祝连波. 工程投标中串标行为的信号博弈分析[J]. 土木工程学报,2007,40(7):
99-104.

[35] 张雪武,詹炳根. 基于博弈论的工程量清单计价模式下投标报价策略研究[J]. 合肥工
业大学学报(社会科学版),2006,20(3):79-82.

[36] 汪鸿林,夏理巧. 基于博弈论的公路建设项目复合标底投标报价研究[J]. 长江大学学
报(自然科学版),2009,6(4):94-97.

[37] 童小娇,邝萍萍,杨洪明. 基于纳什均衡理论的电力市场动态投标分析[J]. 中国电机
工程学报,2008,28(7):84-90.

[38] 赵平,马重阳,张莹莹. 无标底招标的博弈分析[J]. 科学技术与工程,2008,8(2):

481 – 483.

[39] 邢军. 现行建筑工程低价中标情况下博弈论在投标报价中的应用[J]. 上海交通大学
学报,2007,41(增刊):45 – 47.

[40] 姜放放,张力,关忠良. 最低价制下投标报价的博弈分析[J]. 铁道科学与工程学报,
2005,2(1):90 – 93.

[41] 秦旋. 对策理论模型下的招标机制与投标策略研究[D]. 天津:天津大学,2005.

[42] 王懋赞,刘民超,刘文山. 如何增加层次分析法中判断矩阵的一致性[J]. 系统工程理
论与实践,1993,12(1):61 – 63.

[43] 左军. 层次分析法中判断矩阵的间接给出方法[J]. 系统工程,1988,6(6):56 – 63.

[44] 王莲芬. 层次分析法中排序权数的计算方法[J]. 系统工程理论与实践,1987,7(2):
31 – 37.

[45] 陈迁. AHP 方法判断尺度的合理定义[J]. 系统工程,1996,14(5):18 – 20.

[46] Seydel J,Olson David L. Bids considering multiple criteria[J]. Journal of Construction Engi-
neering and Management, ASCE, ,1990, (4):609 – 622.

[47] 於永和, 徐志红,单泪源,等. 基于 AHP 的 BOT 项目投标报价策略决策模型[J]. 武汉
理工大学学报,2006, 28(9):135 – 137.

[48] 侯景亮,迟红娟,李远富. 灰色多层次评价法在工程项目选择中的应用[J]. 西南交通
大学学报(社会科学版),2007,8(4):23 – 27.

[49] 李虹,李彦萍. 基于 AHP – SOM 方法下的风险投资项目选择研究[J]. 天津工业大学学
报,2008,27(6):85 – 88.

[50] 马振东,梁钰锟. 改进 AHP – FCE 法在建设项目评价中的应用[J]. 西安建筑科技大学
学报(自然科学版),2010,42(3):437 – 440.

[51] 卢梅,杨茂盛,张文琪. 基于层次分析法进行项目选择[J]. 陕西建筑与建材,2004,10
(112):43 – 46.

[52] 魏道红,周厚贵,杨慧敏. 基于模糊层次分析法的施工投标决策分析[J]. 水利水电技
术,2007,38(8):59 – 60.

[53] 於永和. 基于层次分析法的投标项目选择多目标决策模型[J]. 科技进步与对策,
2006,8(1):108 – 110.

[54] Moselhi O,Hegazy T. DBID:Analogy – based DSS for bidding in construction[J]. Journal of
Construction Engineering and Management,1993,119(3):466 – 479.

[55] Li H. Neural network models for intelligent support of markup estimation[J]. Journal of Con-
struction Engineering and Management,ASCE,1996(3):69 – 82.

[56] Li H,Love P E D. Combining rule based expert systems and artificial neural networks for mark-
up estimation[J]. Construction Management and Economics, 1999,17(2):169 – 176.

[57] 王雪青,喻刚,等. 基于 GA 改进 BP 神经网络的建设工程投标报价研究[J]. 土木工程
学报,2007,40(7):95 – 98.

[58] 喻刚,王雪青,等. 基于 RS 与 ANFIS 的投标报价决策研究[J]. 湖南大学学报(自然科

学版),2008,35(5):89-92.

[59] 刘亮晴,严薇. 基于人工神经网络的投标单位资格预审评价法[J]. 重庆建筑大学学报,2005,27(4):97-101.

[60] 严薇,刘宏,刘亮晴. 基于人工神经网络技术的投标前期决策[J]. 重庆大学学报,2007,30(7):73-77.

[61] 杨兰蓉,卢正鼎,张金隆. 基于 ANN 的报高率确定规则产生模型[J]. 华中科技大学学报(自然科学版),2002,30(5):31-32.

[62] 韩莎莎. 基于 BP 神经网络的投资决策阶段可行性预测[J]. 赤峰学院学报(自然科学版),2010,26(11):80-93.

[63] Fayek A. Competitive bidding strategy model and software system for bid preparation[J]. Journal of Construction Engineering and Management, ASCE,1998,(1):1-10.

[64] 朱天锐,朱国玮,王润球. 投标决策中的模糊评判[J]. 湖南大学学报(社会科学版),2001,15(1):33-36.

[65] 王宝军,宋红宾. 基于模糊数学的工程投标决策方法[J]. 河北工业大学学报,2002,31(2):106-111.

[66] 刘尔烈,王健,等. 基于模糊逻辑的工程投标决策方法[J]. 土木工程学报,2003,36(3):57-58.

[67] 张朝勇,王卓甫,等. 基于 Choquet 模糊积分的工程投标风险评估方法[J]. 土木工程学报,2007,40(10):98-104.

[68] 洪伟民,刘红梅,王卓甫. 基于熵权模糊综合评判法的工程交易模式决策[J]. 科技管理研究,2010,3(1):122-125.

[69] 薛香恒. 建设工程评标中模糊综合评判数学模型的建立及应用[J]. 南昌大学学报(理科版),2006,30(6):627-630.

[70] 马新顺,刘建新,文福拴. 不确定环境下的随机模糊规划最优报价策略模型[J]. 中国电机工程学报,2009,29(34):77-83.

[71] 阮连法,温海珍. 模糊综合评价在工程投标报价中的应用[J]. 技术经济,2000,2(208):32-35.

[72] 张连营,张杰,杨湘. 资格预审的模糊评审方法[J]. 土木工程学报,2003,36(9):1-5.

[73] Lund A,Gorden N,Altounian A. Anaheim bid user's guide[M]. Anaheim Technologies,Inc,Montreal,Canada:1989.

[74] 赵平,谢航皓. 工程项目投标报价专家系统的设计与实现[J]. 西安建筑科技大学学报,1999,31(3):268-303.

[75] 王守清. 计算机在建筑工程成本测算中的应用[M]. 北京:清华大学出版社,1996.

[76] Hegazy T,Moselhi O. Analogy-based solution to markup estimation problem[J]. Journal of Computer in Civil Engineering,1998,(1):72-87.

[77] 杨兰蓉. 基于事例推理的报高率确定决策模型及其支持系统的研究[D]. 武汉:华中理工大学,2000.

[78] Chua D K, Li D Z. Case – based reasoning approach in bid decision making[J]. Journal of Construction Engineering and Management, 2001, 127(1): 35 – 45.

[79] Dikmen I, Birgonul M T, et al. A case – based decision support tool for bid mark – up estimation of international construction projects[J]. Automation in Construction, 2007, (10): 30 – 44.

[80] 吴唤群, 向和平, 等. 基于 D – S 证据理论的工程投标决策研究[J]. 系统工程, 2004, 22 (11): 90 – 94.

[81] 陆广波, 张朝勇. 基于证据推理的工程投标竞争对手威胁风险评估[J]. 嘉兴学院学报, 2010, 22(3): 104 – 108.

[82] 张朝勇, 王卓甫. 基于证据推理的工程项目投标风险决策方法[J]. 水利水电科技进展. 2007, 27(6): 32 – 37.

[83] 张英宝. VAR 在建设工程投标评价中的应用研究[J]. 重庆建筑大学学报, 2006, 28 (4): 114 – 117.

[84] 任玉珑, 唐道鸿. 投标报价中报高率确定的支持向量机方法研究[J]. 科技管理研究, 2006(11): 237 – 241.

[85] 刘雷, 刘东. 基于 ANP 的动态联盟项目选择评价及实证分析[J]. 科技进步与对策, 2009, 26(2): 104 – 108.

[86] Salotti. Integration of Case – Based forecasting, Neural Network, and Discriminant Analysis for Bankrupt Prediction[J]. Expert System with Application, 1996, 11(4): 415 – 422.

[87] 许志端, 杨兰蓉, 等. 一种基于事例推理的数据库模式设计专家系统的体系结构[J]. 厦门大学学报(自然科学版), 2000, 39(5): 599 – 595.

[88] 廖东升, 沈永平, 陈英武, 等. 基于模糊综合评价的 DEA 方法在心理战评估中的应用研究[J]. 运筹与管理, 2008, 17(1): 131 – 136.

[89] Kaufmann A. Introduction to the Theory of Fuzzy Subset[M]. New York: Academic Press, 1975.

[90] Zadeh L A. Fuzzy sets as a basis for a theory of possibility. Fuzzy Sets and Systems[J]. 1978, (1): 3 – 28.

[91] Liu B, Liu Y. Expected Value of Fuzzy Variable and Fuzzy Expected Value Model[J]. IEEE Transactions on fuzzy Systems, 2002, (10): 445 – 450.

[92] Liu B. Uncertainty Theory: An introduction to its Axiomatic Foundations[M]. Springer – Verlag, Berlin, 2004.

[93] Liu B. Theory and Practice of Uncertain Programming[M]. Physica – Verlag, Heidelberg, 2002.

[94] Banker R D, Charnes A, Cooper W W. Some models for estimating technical and scale inefficiencies in Data Envelopment Analysis[J]. Management Science, 1984, 30(9): 1078 – 1092.

[95] 袁群. 数据包络分析法应用研究综述[J]. 经济研究导刊, 2009, 29(57): 201 – 203.

[96] 刘睿. 国际大型土木工程承包项目投标风险定量评估[D]. 天津: 天津大学, 2003.

[97] 花拥军,陈迅,张健. 公共工程社会评价指标体系分析[J]. 重庆大学学报(自然科学版),2005,28(7):145-147.

[98] Singh L B,Satyanarayana N K. Traffic revenue risk management through annuity model of PPP road projects in India[J]. International Journal of Project Management, 2006, 24 (7): 605-613.

[99] Katrin F,Andrea J, Hans W A. The emergence of PPP task forces and their influence on project delivery in Germany[J]. International Journal of Project Management,2006,24(7): 539-547.

[100] 孟建英. 工程建设投资项目后评价理论与应用研究[D]. 天津:天津大学,2004.

[101] Turner J R,Ralf M. On the nature of the project as a temporary organization[J]. International Journal of Project Management,2003,21(1):1-8.

[102] Ahmad I,Minkarch I A. Optimum markup for bidding:a preference uncertainty trade of approach[J]. Civil Engineering System,1987,(4):170-174.

[103] Ahmad I, Minkarch I A. Questionnaire Survey on Bidding in Construction[J]. Journal of Management in Engineering,1988,4(3): 229-243.

[104] Odusote O O,Fellows R F. An examination of the importance of resource considerations when contractors make project selection decisions[J]. Construction Management and Economics, 1992,(10):137-151.

[105] Dozzi S P,Abourizk Z M. Utility theory model for bid markup decisions[J]. Journal of Construction Engineering and Management,1996,122(2):119-124.

[106] 夏清东,程宏志. 工程投标的多参数决策[J]. 哈尔滨建筑大学学报,2000,33(3): 99-103.

[107] 王莹. 国际工程项目投标机会决策模型方法与应用研究[D]. 沈阳:沈阳工业大学,2008.

[108] 顾伟红. 决策树法在铁路施工企业投标决策中的应用[J]. 兰州交通大学学报,2009, 28(4):38-44.

[109] 周光明. 决策树法在投标决策中的应用[J]. 湖南环境生物职业技师学院学报,2002, 8(3):186-188.

[110] 佟大鹏,李城. 决策树法在投标机会定量分析中的应用[J]. 科技信息,2007, (35):138.

[111] 张蕾. 工程总承包投标策略研究[D]. 天津:天津大学,2006.

[112] Ahmad I. Decision-Support system for modeling Bid/No-bid Decision Problem[J]. Journal of Construction Engineering and Management,1990,116(4):595-608.

[113] Lin C T,Chen Y T. Bid/no-bid decision-making---a fuzzy linguistic approach[J]. International Journal of Project Management,2004,22(7):585-593.

[114] Egemen M,Mohamed A N. A framework for contractors to reach strategically correct bid/no bid and mark-up size decisions[J]. Building and Enviroment,2007,42(3):1373-1385.

[115] Mohamed W, Halim A. A neural network bid/no bid model: the case for contractors in Syria [J]. Construction Management and Economics, 2003, 21(7): 737 – 744.

[116] 李海凌, 龙培军, 陶学明. 基于风险矩阵的工程项目投标决策量化分析[J]. 四川建筑科学研究, 2009, 35(4): 291 – 293.

[117] Mehmedali E, Abdulrezak M. SCBMD: A knowledge – based system software for strategically correct bid/no bid and mark – up size decisions[J]. Automation in Construction, 2008, 17 (7): 864 – 872.

[118] 孟明星. 建设工程投标决策模型研究与应用[D]. 天津: 天津大学, 2006.

[119] 田元福, 李慧民, 李攀武. 建设工程投标决策风险评估[J]. 西安建筑科技大学学报 (自然科学版), 2002, 34(2): 137 – 140.

[120] 尚梅, 金维兴. 多元化风险管理理论在建筑企业投标决策中的应用[J]. 西北农林科技大学学报(自然科学版), 2005, 33(10): 150 – 154.

[121] 李顺国, 李汇, 黄清平, 等. 建筑工程项目投标风险的预测模型研究[J]. 武汉理工大学学报, 2008, 30(7): 165 – 168.

[122] 毕克新, 孙金花, 等. 基于模糊积分的区域中小企业技术创新测度与评价[J]. 系统工程理论与实践, 2005, 25 (2): 41 – 46.

[123] Ngai E W T, Wat F K. Fuzzy decision support system for risk analysis in E – commerce development[J]. Decision Support Systems, 2005, 40(2): 235 – 255.

[124] Bojadziev G, Bojadziev M. Fuzzy Logic for Business, Finance, and Management[M]. Singapore: World Scientific, 1997.

[125] 陈涛, 张金隆, 等. 不确定环境下基于实物期权的 IT 项目风险与价值综合评估方法 [J]. 系统工程理论与实践, 2009, 29(2): 30 – 37.

[126] Lee D H, Park D. An efficient algorithm for fuzzy weighted average[J]. Fuzzy Sets and Systems, 1997, 87(1): 39 – 45.

[127] 陆俊. 建筑工程投标策略[D]. 南京: 东南大学, 2004.

[128] 岳志强, 张强. 基于熵权的项目管理投标决策方法及应用研究[J]. 中国管理科学, 2004, 12(专辑): 83 – 86.

[129] 李文立, 郭凯红. D – S 证据理论合成规则及冲突问题[J]. 系统工程理论与实践, 2010, 30(8): 1422 – 1432.

[130] 吴杰. 数据包络分析(DEA)的交叉效率研究 – 基于博弈理论的效率评估方法[D]. 合肥: 中国科学技术大学, 2008.

[131] Sexton T R, Silkman R H, Hogan A J. Data Envelopment Analysis: Critique and Extensions [M]. San Francisco: Jossey Bass, 1986.

[132] Doy J R, Green R. Efficiency and cross – efficiency in data envelopment analysis deriwatives, meanings and uses[J]. Journal of the Operational Research Society, 1994, 45(5): 567 – 578.

[133] 王洁方, 刘思峰, 刘牧远. 不完全信息下基于交叉评价的灰色关联决策模型[J]. 系统工程理论与实践, 2010, 30(4): 732 – 737.

[134] 李志亮,陈世权,吴金培. 基于模糊数变换的 DEA 模型与应用[J]. 模糊系统与数学,2004,18(4):64-71.

[135] 马风才,李霁坤,张群. 基于三角形模糊数的 DEA 模型[J]. 数学的实践与认识,2007,37(11):174-179.

[136] 彭熠. 基于多目标规划的模糊 DEA 有效性[J]. 系统工程学报,2004,19(5):548-552.

[137] Mei L W,Huai S L. Fuzzy Data Envelopment Analysis (DEA):Model and Ranking Method [J]. Journal of Computer and Applied Mathematics,2009,223(2):872-878.

[138] Mohamed D. A model of fuzzy Data Envelopment Analysis[J]. Information Systems and Operation Research,2004,42(4):267-279.

[139] 丁德臣,龚艳冰,何建敏. 基于模糊 C-OWG 算子的模糊 DEA 模型求解[J]. 模糊系统与数学,2009,23(2):131-135.

[140] 张熠,王先甲。基于数据包络分析和模糊理论的投资项目评价方法研究[J]。技术经济,2010,29(2):64-67.

[141] 段绍伟,沈浦生. 模糊综合评价与数据包络分析在工程方案设计选择中的应用[J]. 水利学报,2004,5(5):116-121.

[142] 柳顺,杜树新. 基于数据包络分析的模糊综合评价方法[J]. 模糊系统与数学,2010,24(2):93-98.

[143] 吴念蔚,汝宜红. 基于 DEA 交叉模型的城市物流能力评价[J]. 物流技术,2010,24(2):93-98.

[144] 王洁方,刘思峰. 基于交叉评价和竞争视野优化的多属性决策方法[J]. 控制与决策,2009,24(10):1495-1498.

[145] 刑会歌,王卓甫. 基于数据包络分析交叉评价的工程监理评标方法[J]. 系统管理学报,2008,17(3):332-337.

[146] 鲍星星,陈森发. 基于 DEA 的交叉效率模型在交通运输评价中的应用[J]. 东南大学学报(哲学社会科学版),2009,11(增):23-25.

[147] 刑会歌,王卓甫,尹红莲. 基于 DEA 的决策单元排序方法研究[J]. 系统工程与电子技术,2009,31(11):2648-2651.

[148] 王金祥. 基于超效率 DEA 模型的交叉效率评价方法[J]. 系统工程,2009,27(6):115-118.

[149] 荆浩,赵希男. DEA 中交叉效率评价的新思考[J]. 运筹与管理,2008,17(3):46-51.

[150] 张沈生,王小云,高鸣. 基于 DEA 对抗型交叉评价法的供暖设备综合效益评价[J]. 沈阳建筑大学学报(自然科学版),2009,25(6):1161-1167.

[151] 刘丙泉,李雷鸣,徐小峰. 基于 DEA 交叉评价的山东省区域生态效率评价研究[J]. 华东经济管理,2010,24(12):38-41.

[152] 吴杰,梁樑. 交叉效率评价方法中新单元导入的保序性[J]. 系统工程,2006,24(7):111-115.

［153］ 王科,魏法杰. 三参数区间交叉效率 DEA 评价方法[J]. 工业工程,2010,13(2):19 – 22.

［154］ 史成东,陈菊红,张雅琪. 物流公司绩效的 DEA 交叉评价[J]. 系统工程,2010,28 (1):47 – 52.

［155］ 汪刚毅. 基于决策树和灰色 – 马尔柯夫模型的投标策略分析[J]. 现代财经,2010,30 (250):63 – 66.

［156］ Derek D,Martin S. The effect of client and type and size of construction work on a contractor's bidding strategy[J]. Building and Environment,2001,36(1):393 – 406.

［157］ Group C,Surapon P,Chotchai C. Strategic project selection in public sector:Construction projects of the Ministry of Defence in Thailand[J]. International Journal of Project Management, 2007,25(2):178 – 188.

［158］ Huang X X. Optimal project selection with random fuzzy parameters[J]. International Journal of Production Economics,2007,106(2):513 – 522.

［159］ Prasanta K D. Integrated project evaluation and selection using multiple – attribute decision – making technique [J]. International Journal of Production Economics, 2006, 103 (1): 90 – 103.

［160］ Rabbani M,Aramoon B,Baharian G K. A multi – objective particle swarm optimization for project selection problem[J]. Expert Systems with Applications,2010,37(1):315 – 321.

［161］ Andres L M,Samuel B G,Jeffrey L R. A multiobjective evolutionary approach for linearly constrained project selection under uncertainty [J]. European Journal of Operational Research,2007,179(3):869 – 894.

［162］ Masood A B,Donald D,Donana D. A comprehensive 0 – 1 goal programming model for project selection[J]. International Journal of Project Management,2001,19(4):243 – 252.

［163］ Joe Zhu. A buyer – seller game model for selection and negotiation of purchasing bids:Extensions and new models [J]. European Journal of Operational Research, 2004, 154 (1): 150 – 156.

［164］ 吴辉辉,李慧民,黄荣. 基于风险矩阵的工程投标前期决策[J]. 建筑技术开发,2011, 38(7):72 – 75.

［165］ 魏永恒. 基于模糊综合评价法的建筑工程项目投标决策[J]. 合肥学院学报,2011,21 (1):22 – 25.

［166］ 曹琳剑,王雪青,刘炳胜. 基于灰色局势法改进的建筑工程投标决策方法研究[J]. 北京理工大学学报(社会科学版),2009,11(4):68 – 72.

［167］ 苏曼曼. 建筑工程项目投标决策问题研究[J]. 湖南商学院学报,2011,18(4): 50 – 52.

［168］ 潘迎春. 不完全信息博弈论在最低投标报价中的应用研究[J]. 武汉理工大学学报, 2010,32(24):176 – 184.

［169］ 黄越,张秀丽,王洪源. 基于博弈论的工程招投标市场围标行为分析[J]. 沈阳理工大学学报,2007,26(6):23 – 27.

112

[170] 杨锋,杨琛琛,梁樑. 基于公共权重 DEA 模型的决策单元排序研究[J]. 系统工程学报,2011,26(4):551-557.

[171] 施振海. 基于模糊综合评价和人工神经网络的投标决策模型研究[D]. 杭州:浙江大学,2007.

[172] 陈跃,杨宝臣. 基于模糊风险评价的 EPC 项目投标决策研究[J]. 西北农林科技大学学报,2011,11(4):72-77.

[173] 郭琦,刘倩,黄康. 数据包络分析法在投标决策中的应用[J]. 水电能源科学,2011,29(9):138-140.

[174] 杨锋,夏琼,梁樑. 同时考虑决策单元竞争与合作关系的 DEA 交叉效率评价方法[J]. 系统工程理论与实践,2011,31(1):92-98.

[175] 朱爱良. 招投标中的博弈论[J]. 山西建筑,2007,33(14):259-260.

[176] Carazo A F,Trinidad G,Julian M. Solving a comprehensive model for multiobjective project portfolio selection[J]. Computers & Operations Research,2010,37(4):630-639.

内 容 简 介

　　本书基于模糊理论、风险评价、模糊综合评价与 DEA 交叉评价等理论,对建筑业投标决策的流程中工程投标机会(Bid/No - Bid 决策)及工程投标项目选择(Which Project to Bid)问题进行了全面而系统的研究,为工程项目选择提供了更为客观与有效的参考。同时本书也丰富了多属性决策理论相关研究。书稿有足够的研究成果支撑,研究水平处于国内领先。

　　本书可作为工程管理、管理科学与工程、多属性决策和系统工程等领域的研究人员和工程技术人员、高等院校相关专业研究生的参考书。